terminal n°88

Sommaire

Fichiers et libertés : Le cybercontrôle 25 ans après

Thomas Lamarche, Daniel Naulleau, Jacques Vétois

terminal Automne-Hiver 2002

terminal est édité par le CIII-Terminal
(Centre d'information et d'initiatives sur l'informatisation - Terminal)
Président : Guy Lacroix

Adresse de la rédaction : 24, rue de la Chine F-75020 Paris
E-mail : terminal@ras.eu.org
Site web : http://www.terminal.sgdg.org

Commission paritaire : N° 63526 (dépôt légal à parution)
ISSN : 0997-5551 Imprimé en CEE

terminal est édité avec le concours du Centre National du Livre

ISBN : 2-7475-3986-5

Contributions

Terminal accueille les contributions relevant du domaine Technologie de l'Information et Société et trouvant place dans un de ses modules ou rubriques. Toute personne désireuse de soumettre un article en vue d'une publication dans terminal est invitée à en adresser trois copies à la rédaction, en précisant le module ou la rubrique choisie ou à en envoyer une version électronique (format rtf Word) à l'e-mail de la rédaction.

Fichage à tous les étages

Thomas Lamarche

Entre le moment où nous avons pris la décision de faire le point sur la question des libertés informatiques et la sortie de ce numéro, la situation s'est encore tendue et les choix gouvernementaux et européens en faveur d'une logique sécuritaire se sont affirmés.

Les attentats contre le *World Trade Center* et le Pentagone ont justifié une série de mesures de renforcement des pouvoirs d'investigation des services de police et autres organismes de contrôle. Conformément à la capacité des États-Unis à *guider* le monde (au moins occidental), cette tendance se retrouve dans de nombreux pays. Nous avons rassemblé différents points de vue qui montrent les convergences du contrôle, au-delà d'une certaine variété des modalités.

L'omniprésence du discours sécuritaire pendant les campagnes électorales ne s'est pas estompée après les élections, et les populismes européens agitent l'Union européenne du Danemark à l'Italie en passant par l'Autriche, le Portugal et particulièrement la France durant l'année 2002. Les pays entrants dans l'Union ne sont pas vraiment épargnés : Slovaquie (27 % pour les partis populistes aux dernières législatives) ; Pologne (10 %) ; Roumanie (20 %)[1]. Ce discours surfe sur des peurs réelles et imaginaires, les renforce pour proposer des solutions simplistes et visibles. La démagogie des solutions policières et carcérales cache mal une crise de l'État, de sa légitimité et de ses moyens d'action. La tentation nationaliste est une voie dangereuse pour reconstruire le lien social ; elle est pourtant largement empruntée.

La mise en avant des peurs et des menaces justifie un renforcement des systèmes de contrôle des citoyens et des organisations. Dans le domaine des réseaux électroniques, qui nous intéresse, la thématique de la sécurité et de la surveillance est favorisée par des outils de plus en plus puissants. Le virus comme le *hacker* hantent le monde informatique, souvent mythifiés autant par les protagonistes (valorisation de l'exploit informatique), que par les sociétés de surveillance informatique et les médias[2].

1. Voir le dossier "L'Europe face au populisme", *Alternatives Internationales*, n° 3, nouvelle revue lancée par *Alter éco* et *Télérama* en 2001 à laquelle nous souhaitons la bienvenue.
2. Le nom des produits de sécurisation symbolise ce jeu de peur qui soutient ce segment du marché du logiciel : Cyberpatrol, Marchal Software Lanspy, SuperScout, SurfControl.

Les mémoires informatiques non seulement servent les volontés de contrôle mais elles les dépassent en gardant des traces au-delà de l'intention initiale. Comme la CNIL le rappelle régulièrement : "Jadis nous étions fichés parce que quelqu'un souhaitait nous ficher. Aujourd'hui, nous pouvons aussi être fichés du seul fait de la technologie qui produit des traces sans que nous en ayons toujours pleinement conscience"[3].

La convergence entre les capacités techniques de contrôle (suivi de ces traces informatiques que nous laissons presque partout : e-mail, visite de sites, téléphone portable, carte bancaire, automate de paiement, guichet automatique...) et le renforcement d'une vision policière de l'État réduit le champ des libertés publiques. Le repli de l'État sur ses fonctions régaliennes (on pourrait dire le retour à ses fonctions primitives) n'est peut-être pas une simple conjoncture ; la sécurité selon Nicolas Sarkozy n'apparaît pas comme un accident de l'histoire. La Loi sur la Sécurité Quotidienne (LSQ) du précédent gouvernement préfigure l'actuelle Loi d'orientation et de programmation pour la Sécurité Intérieure (LSI).

Il nous semble important de dénoncer les dispositions relatives aux fichiers figurant dans l'avant-projet de loi Sarkozy ainsi que dans les projets concernant l'accès à divers types de fichiers qui ont été renvoyés à une future loi Perben. Cette protestation entre en résonance avec celle des associations de défense des libertés (Ligue des droits de l'Homme, Syndicat de la magistrature, Syndicat des avocats de France...). Cet *Appel à la mobilisation contre le projet de loi sur la sécurité intérieure* mobilise contre un projet qui stigmatise la pauvreté et accroît les moyens de surveillance et de contrôle exercés sur la population.

Ainsi, toute personne pourra se voir immobilisée par des forces de police à tout moment pour la fouille de son véhicule, sans même qu'une enquête soit ouverte. La loi fait entrer le citoyen dans la peau d'un suspect potentiel.

C'est alors qu'intervient la généralisation du fichage. Seront fichées l'ensemble des personnes coupables ou soupçonnées d'infractions, même légères. Le Syndicat de la magistrature estime que le nombre de personnes actuellement fichées par la police ou la gendarmerie pourrait passer de 8 millions à 15 millions en deux ou trois ans. Le projet de loi constitue un renoncement au droit fondamental à la présomption d'innocence.

Le projet s'oppose à la notion de prescription du fait de la durée de conservation des fichiers : quarante ans pour un fichier des empreintes. Ainsi le projet de loi étend le fichier des empreintes et traces génétiques aux "personnes à l'encontre desquelles il existe des indices graves ou concordants de nature à motiver leur mise en examen pour un crime ou un délit puni d'une peine d'emprisonnement d'au moins trois ans", alors que les délits sont prescrits au bout de cinq ans.

La banalisation de l'accès aux fichiers constitue une autre source de danger. "Si la possibilité d'utiliser des fichiers de police judiciaire à des fins d'enquêtes administratives est maintenue, prévient Michel Gentot,

3. Avant-propos du président Michel Gentot, CNIL, Rapport d'activité pour 1999.

président de la CNIL, il convient d'être très attentif aux dangers que cela peut comporter". On estime qu'il y a actuellement 40 000 officiers de police judiciaire habilités à consulter le STIC (Système de traitement des infractions constatées, plus important fichier policier). La loi actuelle ouvre cette perspective pour près de 400 000 personnes dans le cadre de tâches administratives. Le fichier de police deviendra-t-il une sorte de second casier judiciaire, plus facilement accessible ?

Cela pose d'autant plus de problèmes qu'une grande variété d'infractions sont associées au sein des fichiers de police (crimes et délits) et que la décision d'inscrire une personne sur le fichier pourrait relever d'un officier de police judiciaire et non plus être liée à l'autorisation d'un magistrat.

Enfin on peut s'inquiéter de l'absence de droit d'accès et de rectification des citoyens aux données les concernant. La CNIL rappelle pourtant que certains témoins, entendus dans le cadre d'enquêtes, sont inscrits au registre du STIC comme coupables de crimes ou de délits... Il convient de rappeler la faillibilité du système technique.

Au-delà du questionnement sur la loi elle-même, on se demande ce qui pousse une société à accepter ces contrôles envahissants. Quelle transformation s'est opérée pour que le corps social accepte de se mutiler d'une part de sa liberté et d'autre part de son intimité ? En laissant se développer un contrôle à tous les étages, bien sûr c'est le contrôle de l'autre, du déviant potentiel, de celui qui menace qui est visée. Pourtant la constitution des fichiers autant que l'assouplissement des conditions d'interpellation par la police touche l'ensemble de la population. Il faudra que nous revenions sur le sujet pour approfondir les motivations de cet asservissement volontaire.

Les États-Unis nous montrent les résultats de l'association d'un État régalien puissant à un libéralisme conquérant. Le libéralisme n'est pas dogmatique sur tous les terrains ; l'interventionnisme, parfois armé, constitue un puissant ressort pour les firmes comme pour l'État. Les travaux de Loïc Wacquant[4] sur les prisons aux États-Unis montrent de quelle façon des pouvoirs régaliens forts sont mobilisés pour tenir face aux dégâts du marché. La solution carcérale, comme la généralisation du contrôle, permet de mettre en avant la liberté d'agir laissée au capital.

La réglementation concernant les fichiers s'inscrit dans une logique politique complexe qui voit s'affronter ou se rencontrer trois grandes composantes :

- La composante régalienne de l'État, que l'on vient d'évoquer, qui prêche pour l'élargissement des conditions de constitution, de conservation et de croisement des fichiers dans le cadre d'enquêtes, y compris administratives ;
- Les entreprises, gestionnaires ou utilisatrices de données personnelles dans le cadre des politiques marketing de suivi *personnalisé* des clients. Du côté des utilisatrices de fichiers se trouve une demande d'assouplissement des conditions de constitution des fichiers de personnes.

4. WACQUANT L., *Les prisons de la misère*, Raisons d'agir, 1999.

commercialisation des données personnelles. Les négociations en cours à l'OMC avancent vers une reconnaissance du caractère marchandise des données personnelles. Les données sont un enjeu commercial direct (marché du fichier) et un enjeu indirect pour le développement de nouvelles techniques de suivi de la clientèle ;

Du côté des firmes productrices de fichiers se trouve l'enjeu de la commercialisation des données personnelles. Les négociations en cours à l'OMC avancent vers une reconnaissance du caractère marchandise des données personnelles. Les données sont un enjeu commercial direct (marché du fichier) et un enjeu indirect pour le développement de nouvelles techniques de suivi de la clientèle ;

- La mobilisation des associations et collectifs est à la hauteur des menaces qui planent sur les libertés fondamentales. Un important mouvement associatif se développe mais reste en butte à une thématique qui mobilise peu l'opinion publique, qui a une faible visibilité politique et surtout médiatique. La montée du cybercontrôle n'attire pas le scoop.

Pour faire face à ce complexe dossier alliant une construction juridique (nationale et communautaire) à un univers technologique mouvant, nous avons fait appel à une pluralité d'acteurs issus de la recherche, du monde des collectifs de vigilance, des experts mandatés par l'action publique.

La première partie de ce numéro de Terminal s'axe sur les formes du contrôle qui s'exercent sur l'individu et la société. En reprenant trente ans d'histoire des relations entre informatique et libertés, Emilie Armatte fait un parallèle saisissant entre les affaires GAMIN et SAFARI (conception d'un système automatisé pour les fichiers administratifs et répertoire des individus), qui marquent un tournant dans le fichage informatique et les lois actuelles sur la sécurité intérieure.

Nous ne sommes pas sur la voie d'un B*ig Brother*, la multiplicité des sources de contrôle s'apparente plutôt à des *Little Sisters* mettant en place non pas un grand système centralisé mais laissant coexister et s'interconnecter différentes catégories de fichiers.

La conception que développe Hubert Bouchet (membre de la CNIL, au titre du CES), dans un entretien qu'il nous accorde à la suite de son rapport de mars 2001 sur la cyberveillance des salariés dans l'entreprise, est plus optimiste. La place accordée à la négociation et à la confiance (dans l'entreprise notamment) y est centrale. La position de la CNIL mérite d'être entendue, alors que le gouvernement l'a ignorée dans l'élaboration de son projet de loi sur la sécurité. Elle a dû s'auto-saisir, pour la première fois, à défaut d'avoir été consultée, ce qui augure mal de la place donnée par le gouvernement à cette organisation chargée du respect des libertés informatiques. La CNIL s'inquiète des dangers de l'utilisation des fichiers que prévoit le projet de loi sur la sécurité, elle souhaite que l'accès aux bases de données de la police soit entouré de réelles garanties...

Yves Poullet, partant de la situation belge, ouvre une perspective européenne sur la réglementation de la cybercriminalité. Ce panorama nous permet d'avoir un tour d'horizon assez précis des enjeux juridiques actuels.

Entre réglementation et régulation le cadre des libertés informatiques est un lieu de tensions. D'une part, différents processus législatifs sont en cours et, d'autre part, des procédés techniques peuvent être pensés comme relais, voire comme fondements, de la régulation.

La deuxième partie propose un décryptage de plusieurs textes d'actualité sur la réglementation des libertés informatiques et publiques.

La France, avec la loi informatique traitant la question de la protection des données personnelles, transpose, enfin, la directive européenne de 1995. Jacques Vétois situe cette loi dans la perspective ouverte par celle de 1978. Mais l'histoire ne s'arrête pas là, le texte a été adopté en fin de législature sans avoir fait la navette par le Sénat.

Meryem Marzouki nous offre une lecture très fouillée de la Directive européenne sur la vie privée et les communications électroniques. Deux enjeux s'entremêlent pour les libertés publiques : protection de la vie privée et des données personnelles face à l'exploitation commerciale de ces données, d'une part, et, d'autre part, face aux atteintes aux droits et libertés fondamentaux des personnes. Meryem Marzouki montre en fait non pas vraiment une contradiction dans les réactions de la société civile (droits de l'homme et droits des consommateurs), mais des réactions partielles et volontairement cantonnées, chacune, à une seule des implications d'un texte qui comporte plusieurs entrées.

Cette logique réglementaire coexiste avec une logique technique, selon laquelle des dispositifs techniques peuvent jouer un rôle de régulation.

Godefroy Beauvallet, Patrice Flichy et Maurice Ronai s'intéressent aux modalités du respect de la vie privée (*privacy*), fondement de la démocratie, entre système technique et système légal. Ils resituent la position de Lessig sur le système technique dans la régulation et défendent la place des codes, de l'autorégulation dans la protection de la vie privée.

Jean Gonié revient sur le protocole Safe Harbour et relativise la portée de ce dispositif technique, qui ne permet qu'un contrôle très réduit de l'utilisation des données personnelles par les entreprises. David Forrest entre dans la question de la régulation par le biais du *spamming* (mailing publicitaire sur les messageries électroniques). En cela il répond aux travaux de Beauvallet, Flichy et Ronai ; la régulation du *spamming* peut trouver des relais techniques mais le passage par les tribunaux et par la loi est incontournable.

Les projets d'utilisation du NIR (proche du numéro de sécurité sociale) comme identifiant permanent du patient aggravent le danger d'interconnexion des fichiers de santé avec d'autres fichiers, publics ou privés. Ils sont une menace pour les droits et libertés des personnes et pourraient comporter des risques de dérives politico-sociales. Le collectif DELIS (Droits et libertés face à l'informatisation de la société) montre dans le cas des fichiers médicaux les risques d'instauration de pratiques de contrôle social.

IRIS (Imaginons un réseau Internet solidaire) avance une originale contribution pour la constitution d'un service public d'accès et la protection des données personnelles le modèle des télécommunications, avec la définition du service universel, et celui d'Internet, avec une importante composante autorégulée méritent de s'enrichir mutuellement. Nous présentons la partie de ce rapport traitant des conditions permettant à la législation sur les données personnelles de devenir réellement protectrice des droits des citoyens.

La troisième partie offre une perspective internationale en matière de cybercontrôle. Le point de vue sur la Suisse d'Armin Murmann développe une perspective saisissante sur une tradition longue de contrôle et de fichage occulte.

Mariella Berra et Magda Talamo nous disent que l'Italie connaît elle aussi un processus complexe d'élaboration des lois concernant les fichiers et la vie privée. D'énormes fichiers, méconnus, apparaissent tout d'un coup au regard du public.

La situation hongroise nous permet de mieux comprendre la position d'un pays sortant du bloc communiste et entrant dans l'Union européenne. L'avancement de la réglementation est certainement supérieur à ce que certains pourraient croire; la motivation à entrer dans l'Union produit des évolutions réglementaires très rapides. Derrière cela on peut apercevoir le rôle que joue la *privacy* dans le recyclage politique de certains acteurs des régimes totalitaires; la protection de la vie privée peut en effet avoir des motifs variés...

Plusieurs auteurs utilisent le terme de *privacy* qui est alors préféré à celui de *vie privée*. Les deux notions ne se recouvrent pas exactement. La discussion mérite d'être approfondie car elle ne recouvre pas qu'un penchant vers les anglicismes mais concerne la définition du champ exact à protéger. Eva Simon ouvre sa contribution par une telle réflexion, en écho à d'autres réflexions portées par ce numéro.

■

Salvatore Maugeri

Vers un cybercontrôle généralisé ?

Ce dossier consacré à la thématique du cybercontrôle est tout entier traversé par la crainte d'une oblitération totale des libertés individuelles à la faveur de la diffusion massive des NTIC et des dispositifs électroniques de surveillance dont elles sont inévitablement lestées. Les technologies infor-matiques ont ceci de particulier qu'elles remplissent des fonctions et conservent – presque malgré elles– les traces et témoignages divers de l'identité de leurs utilisateurs et de l'usage qu'ils en ont fait. C'est bien cette capacité nouvelle d'action et, inséparablement, d'archivage de l'action qui est soulignée ici. L'ombre de George Orwell et de son *1984* planent sur ces trois textes, tandis que la figure souveraine du *Panopticon* de Jeremy Bentham et les augures inquiétants des soixante-huitards sur l'émergence de l'État policier sont rappelés à la mémoire du lecteur. Nous sommes potentiellement tous menacés de devenir des "bêtes d'aveux", pour reprendre une expression de Foucault, citée par Hubert Bouchet, si l'on en juge par l'usage que les entreprises, l'appareil juridico-policier ou certaines administrations (comme le fisc) entendent faire des NTIC. L'intrusion de la police ou de la justice dans nos com-munications téléphoniques et électroniques, la "mise en fiche" à des fins de lutte contre le terrorisme, la fraude fiscale, le contrôle salarial ou le marketing de masse semblent constituer le destin de l'individu occidental à l'ère de l'accès au réseau. Certes, cette mise en fiches, ces procédures de surveillance universelle auxquelles aspirent certains acteurs ou institutions ne vont pas sans être contestées, critiquées, contrariées, mais les trois textes de ce dossier tombent d'accord pour dire que les possibilités offertes en matière de surveillance, grâce à l'électronique, n'ont jamais été poussées aussi loin dans toute l'histoire de l'humanité.

Dans une approche historique, Emilie Armatte nuance quelque peu ce propos en s'appuyant sur Emmanuel Castell pour qui les sociétés industrielles modernes seraient plutôt des "jungles chaotiques" que des "bureaucraties surcentralisées". Cependant, son texte établit le changement de sensibilité de l'opinion publique à l'égard de la "mise en fiches", depuis les années 1970, contestataires, jusqu'aux années 1990, qu'on dira "collaborationnistes". Si le projet SAFARI d'interconnexion des fichiers individuels sur la base d'un numéro d'identification unique a été repoussé en 1974, le projet de 1997 sur l'interconnexion des fichiers sociaux et fiscaux, lui, a été approuvé. Notre société est peut-être éclatée, elle n'en demeure pas moins soumise à une forte tentation centralisatrice, que les NTIC lui offrent sur un plateau. En témoigne la crainte nouvelle d'un envahissement de la sphère privée par les techniques du cybermarketing.

Hubert Bouchet répond lui aux questions qui lui sont faites sur la place des NTIC dans l'entreprise et la gestion des rapports entre les salariés et les dirigeants, en même temps qu'il évoque le rôle de la CNIL, du fait des responsabilités qu'il y tient. L'informatique est, selon lui, au cœur d'une contradiction avec laquelle tôt au tard, il faudra s'affronter. Notre rapport au travail, les formes du travail ont, selon Hubert Bouchet, changé. L'investissement physique a cédé la place à l'investissement intellectuel, cognitif, mais aussi sans doute psychologique, psychique. Et ce type nouveau d'investissement salarial donne le meilleur de lui-même quand il fait une large place à la liberté, à l'initiative, à la créativité de l'individu. Or, dans l'entreprise, la tendance est forte à utiliser les NTIC précisément pour leur pouvoir de surveillance, de contrôle et de limitation des capacités individuelles. S'il est vrai que le droit de l'employeur ne doit pas être perdu de vue, un tel usage de l'informatique est dommageable du point de vue même de l'employeur. C'est sans doute pourquoi notre interlocuteur se déclare optimiste : un usage intelligent des NTIC finira par s'imposer...

On peut en douter à la lecture de Yves Poullet. Son analyse au cordeau de la loi belge sur les dispositions légales imposées aux prestataires de services de réseau en matière de conservation des données aux fins de lutte contre la criminalité informatique donne à voir que les tendances "benthamiennes" l'emportent largement sur les considérations relatives à la protection de la vie privée. Comparant loi nationale belge et dispositions réglementaires européennes, Yves Poullet souligne les imprécisions du texte belge, sa position "liberticide" par rapport aux réserves contenues dans les textes européens et, au total, l'inefficacité prévisible des mesures arrêtées, eu égard au fait que les dispositifs de surveillance déjà institués n'ont en rien interdit la préparation des attentats du World Trade Center –agités par tous les Grands Justiciers pour justifier leurs volontés de contrôle. Le plus grave peut-être est que cette rhétorique de la lutte contre le Mal semble rendre moins impératif, au sein de l'opinion publique, le désir même de protection de la vie privée. Cette "délégitimation" rampante du droit de l'individu mérite évidemment d'être étudiée...

■

Informatique et libertés : de Big Brother à Little Sisters ?

Emilie Armatte*

Depuis que George Orwell a écrit *1984*, il y a cinquante ans, le remarquable essor des nouvelles technologies de l'information et de la communication associé à celui de la microinformatique et des puces électroniques, de l'Internet, et du téléphone portable n'ont fait que décupler les possibilités d'atteinte à la vie privée et aux libertés individuelles. Si les atteintes à la vie privée du fait de l'essor de ces technologies ne constituent pas un problème nouveau, les formes qu'elles prennent à chaque avancée de la technique obligent à chaque fois à un nouvel examen et à des réponses appropriées. On ne s'étonnera pas de voir que plusieurs projets de loi ont été récemment proposés afin de faire face à cette nouvelle donne.

Pourtant, l'étude de la presse et d'un certain nombre d'archives des trente dernières années montre que la question des fichiers de personnes, même si elle se pose plus sensiblement au regard des progrès technologiques, a toujours été présente, dès lors que l'on a agrégé des noms et informations s'y rattachant sur une liste... Citons pour exemple le cas des fichiers de juifs réalisés pendant la Seconde Guerre mondiale, et dont il a été beaucoup question au début des années 1990 lors de la découverte de l'un d'entre eux par l'avocat Me Serge Klarsfeld dans les locaux du secrétariat d'État aux anciens combattants.

L'étude des articles de presse sur ce sujet depuis trente ans laisse entrevoir deux périodes importantes, la période récente, bien sûr, mais également les années 1970. C'est en effet à la suite d'un ensemble d'événements du début des années 1970, période correspondant aux débuts de l'informatisation de la société, qu'est créée, en 1978, une loi dite "Informatique et Libertés" ainsi qu'une commission chargée de veiller au respect des principes édictés par la loi, la CNIL.

On peut alors se demander dans quel contexte cette loi est née, afin de le comparer au contexte actuel. Cela revient à saisir les raisons de la "mise sur agenda politique" de cette loi, c'est-à-dire ce qui fait qu'il a à cette époque été perçu comme un "problème appelant un débat public, voire l'intervention des autorités politiques légitimes" (Padioleau, 1982).

Dès lors, on considère que le caractère "problématique" d'une situation n'est pas donné *a priori*, c'est une construction sociale de différents acteurs sociaux qui définissent telle ou telle situation comme posant problème.

* Article issu d'un DEA soutenu en 2001 à l'université René Descartes - Sorbonne.

Mais s'interroger sur les conditions d'émergence de ces lois renvoie à repérer les différents groupes d'acteurs en présence, leurs ressources et modes d'action employés dans une démarche stratégique.

Dans le débat qui nous intéresse, quatre "pôles" ou groupes d'acteurs évoluant dans un champ d'action et défendant des intérêts spécifiques peuvent être observés :

- les individus -citoyens ou consommateurs- ou ce que l'on nomme parfois "société civile" représentée par des associations ou des syndicats ;
- les administrations, ou institutions publiques ;
- les chercheurs, les scientifiques ;
- les entreprises, les commerçants.

Le premier groupe d'acteurs, celui des individus, entretient des relations stratégiques, mais contradictoires avec les trois autres groupes d'acteurs, qui sont les organes qui gèrent des fichiers contenant des informations sur eux. Tout d'abord les administrations ou institutions publiques telles que les services sociaux ou la police pour des questions d'organisation sociale mais aussi de contrôle, ensuite les chercheurs en sciences sociales qui manipulent des données personnelles dans leurs enquêtes; enfin les entreprises qui établissent des fichiers contenant les caractéristiques de leurs clients –réels ou potentiels. On peut alors établir une sorte de système d'action au sein duquel les relations ne sont pas stables mais en constante évolution.

Ainsi le traitement de la question des fichiers de données personnelles a subi de profondes modifications en trente ans, parce que les enjeux et stratégies des acteurs en présence ne sont plus les mêmes, ainsi que le contexte idéologique dans lequel ils évoluent.

Le contexte de création de la loi du 6 janvier 1978.

La peur du contrôle social et d'un quadrillage de la population

Il est important de saisir certains éléments du contexte de l'élaboration de cette loi pour en saisir les enjeux. La période des années 1970 est souvent qualifiée de "contestataire". Les jeunes qui ont vingt ans en 1968, "baby-boomers", évoluant pourtant dans une société en pleine période de croissance, sans inquiétude pour leur avenir professionnel, rejettent en bloc la société de leur parents, toutes ses normes.

Cette période de remise en question se distingue alors fortement de la période actuelle en ce qu'elle est marquée par une profonde méfiance vis-à-vis des institutions, des normes et du pouvoir en général. On se méfie de l'État, soupçonné de vouloir tout contrôler. Le spectre du totalitarisme hante tous les esprits, avec notamment le choc provoqué par le régime nazi, et par la découverte de la réalité des régimes communistes de l'Est : "L'État envahit la société civile, soumet tous ses secteurs à un contrôle permanent, diffuse en tout les mêmes normes, capable qu'il est, grâce au Parti, de se rendre présent dans toute l'étendue du social" (Lefort, 1976).

On peut alors relier la crainte des fichiers avec l'anti-totalitarisme : le fichier donne un certain nombre de caractéristiques sur la personne, c'est la base de la classification entre les individus selon tel ou tel critère. Or le système totalitaire fixe un ensemble de normes entre lesquelles les individus doivent se situer s'ils ne veulent pas se voir exclus. Les fichiers de personnes sont donc soupçonnés, tout comme les grands organes de communication tels que la télévision, d'être des instruments de ségrégation, de pouvoir, de contrôle. Ils serviraient à "traquer" les individus afin de vérifier leur conformité aux normes, aux institutions. Il est d'ailleurs intéressant de remarquer que la plupart des articles de presse évoquant la question des fichiers renvoient toujours à des populations désignées par la société comme "hors norme", si l'on peut dire, qui posent problème à un moment donné à la société. Ainsi, dans un corpus d'articles du *Monde*, nous avons pu trouver un certain nombre d'articles sur les fichiers des juifs, des séropositifs, des ménages surendettés...

Le fichage est donc un outil de surveillance des individus, de contrôle quasi invisible, mais non moins puissant. Dans son ouvrage *Surveiller et punir*[1], Michel Foucault décrit les mécanismes par lesquels notre société est passée d'un système de répression, de punition, à un système de surveillance généralisée.

Dans les années 1970, la mobilisation autour des fichiers contenant des données personnelles renvoie donc avant tout à des préoccupations d'ordre politique et à l'inquiétude de voir un État qui surveille chaque individu, dans ses actes les plus intimes, à chaque instant. Cette peur de l'intrusion de l'État dans la vie privée de tout un chacun correspond à grande échelle à la peur d'un quadrillage de la population d'un pouvoir totalitaire.

Les débuts de l'informatique

Au-delà de cet aspect politique du traitement de la question des fichiers, une autre dimension propre aux années 1970 est à évoquer : cette période correspond aux débuts de l'informatisation de la société française. L'ordinateur, comme toute nouvelle technologie, impressionne par sa puissance tout en suscitant des craintes quant à son utilisation et à son contrôle. Selon Haroun Jamous et Pierre Gremion dans *L'ordinateur au pouvoir*[2], on peut alors distinguer trois types de craintes liées à l'informatique, mais qui se superposent entre elles :

- La crainte de l'ubiquité centrale, autorisant des manipulations par le pouvoir politique, déjà apparue bien avant le développement des systèmes d'information dans la littérature ou le cinéma ;
- La crainte plus spécifique de l'investigation policière généralisée, grâce au développement de systèmes d'information sophistiqués ;
- La crainte de la déshumanisation fréquemment associée à toute activité administrative.

1. Foucault M., *Surveiller et punir*, Gallimard, 1975.
2. Gremion P., Jamous H., *L'ordinateur au pouvoir*, Seuil, 1978, pp. 56-57.

Ces différentes craintes se manifestent lors de l'informatisation de l'action sociale

Le domaine de l'action sociale a connu et connaît encore de vastes projets d'informatisation qui suscitent de vives réactions et mouvements de contestation.

L'un de ces projets consistait en une automatisation de la gestion des directions départementales d'action sanitaire et sociale (DDASS). Cette opération se proposait de gérer les fichiers des "assistés" de l'aide sociale à l'enfance et de l'aide sociale en général (personnes âgées, infirmes et aveugles, handicapés physiques et mentaux... et toute personne faisant une demande d'aide médicale), soit au total plus de 20 millions de personnes. Cette opération, justifiée par des impératifs de gestion, comprenait le projet GAMIN (Gestion automatisée de médecine infantile), relevant de la Protection maternelle et infantile (PMI), service de la DDASS chargé de la protection sanitaire et sociale des enfants de 0 à 6 ans, ainsi que de leurs mères avant et après la naissance. Le projet GAMIN avait officiellement un double objectif : le dépistage précoce des maladies invalidantes grâce à un certificat de santé et à une meilleure connaissance épidémiologique au niveau national, et la possibilité d'une planification des besoins futurs en équipements et personnels.

L'ordinateur collectait alors à la fois des données d'ordre *personnel* (nom, prénom, date et lieu de naissance, n° d'identification, etc.), *médical* (âge de la mère, nombre de grossesses antérieures, poids et taille de l'enfant...) et *social* (profession de la mère, situation familiale, etc.). À partir de ces différentes informations codées, l'un des programmes de l'ordinateur devait sélectionner les "enfants à risques", "à surveiller", à la différence des "enfants normaux".

C'est ce principe de sélection et donc "d'étiquetage" dès les premiers moments de la vie qui a soulevé l'indignation d'un certain nombre de médecins, de travailleurs sociaux et assistantes sociales. Le Syndicat de la médecine générale rejette l'idée d'introduire des risques sociaux à côté des risques proprement médicaux, car cela tendrait à naturaliser un état social donné. De plus le flou et le manque de pertinence des certaine rubriques des certificats ne sont pas de nature à en faire la base de statistiques valables.

Sous la pression de l'opinion et des différents syndicats et professionnels, le projet finira par avorter. Pourtant, la prise de conscience des dangers du fichage par l'opinion ne se fera qu'avec l'explosion au grand jour de ce que l'on nommera plus tard "l'affaire SAFARI".

L'affaire SAFARI

Le détonateur de l'affaire est un article du *Monde* daté du 21 mars 1974 intitulé "Safari ou la chasse aux Français". Cet article dénonçait les dangers du projet SAFARI (Système automatisé pour les fichiers administratifs et le répertoire des individus). Ce projet avait pour objectif l'informatisation du répertoire national des individus déjà géré par l'INSEE[3], et son utilisation dans toutes les administrations de telle sorte que chaque Français soit identifié par un numéro unique (le NIR, numéro d'inscription au répertoire national d'identification des personnes, plus connu sous le nom de "numéro de sécurité sociale") pour chaque individu. L'article dévoile à l'opinion la mise en place dans les locaux du ministre de l'Intérieur d'un ordinateur puissant nommé "Iris – 80", capable d'engranger les données de l'opération Safari, concernant l'identification individuelle de l'ensemble des Français.

Mais, selon l'auteur de l'article, "il n'y a pas que cela. Le ministère de l'Intérieur a encore de plus vastes ambitions. Détenteurs déjà du fichier de remembrement, les services de M. Jacques Chirac[4] font de grands efforts, affirme-t-on, pour s'en adjoindre d'autres : le cadastre, le fichier de la Direction nationale des impôts et, plus grave peut-être, celui du ministère du Travail".

L'article suscite une vive émotion dans l'opinion publique. La réaction de l'INSEE ne se fait pas attendre. Une note est envoyée au Premier ministre le jour même de la parution de l'article afin d'en dénoncer toutes les inexactitudes. La Direction générale de l'INSEE diffuse également le 3 avril 1974 une note d'information au personnel, consistant notamment à dédramatiser la situation en plus de rectifier les erreurs contenues dans l'article. D'une façon générale, l'INSEE cherche à dédramatiser la situation et tend à montrer que les changements en cours faits par le ministère de la Justice et de l'Intérieur n'ont pas pour but de nuire aux Français, comme cela était suggéré dans l'article du *Monde*, mais de leur faciliter la vie en simplifiant un certain nombre de démarches administratives.

Une commission "Informatique et Libertés" est alors constituée très rapidement dans le but de constituer un projet de loi relatif à l'informatique et aux libertés. Le travail de la commission constitue un tournant dans l'histoire de l'affaire SAFARI. En effet, les débats, jusqu'alors limités aux sphères administratives et politiques, s'élargissent à l'ensemble de la société. Ainsi, "par rapport à l'histoire clandestine et interne à l'administration, la commission Informatique et Libertés a été l'occasion d'une entrée en force des partenaires sociaux sur le terrain" (Jamous, Gremion, 1978).

La mobilisation politique et sociale se fait alors sur les problèmes de *confidentialité*, terme au contenu équivoque puisqu'il comprend à la fois les questions de vie privée et les questions liées au secret d'entreprise, à la confidentialité industrielle.

En effet, l'émotion soulevée par les problèmes de confidentialité est l'occasion pour les entreprises –représentées par le CNPF– de défendre la confidentialité industrielle, et de donner ses critiques au projet ENEIDE (Ensemble normalisé sur les entreprises industrielles pour le développement

3. Le répertoire national des personnes existait bien avant le projet SAFARI, mais ce qui était nouveau, c'était son informatisation, et sa généralisation dans l'ensemble des administrations.
4. M. Jacques Chirac était à l'époque ministre de l'Intérieur sous le troisième gouvernement Messmer.

économique). Cette banque de données, rassemblant des informations comme la répartition des facteurs de production dans un secteur suivant la taille des entreprises par exemple, concerne les entreprises industrielles de plus de dix salariés. Ce système comprenant des caractéristiques d'identification pourrait constituer un danger pour le secret des entreprises, notamment assuré par la loi de 1951 sur le secret statistique qui prévoyait pour les entreprises l'obligation de réponse aux enquêtes statistiques en l'échange d'une promesse de confidentialité.

La réponse politique à l'affaire SAFARI comprend alors, en plus de la création en toute hâte de la commission Informatique et Libertés, la diffusion d'une circulaire par le Premier ministre de l'époque, Pierre Messmer, interdisant toute interconnexion de fichiers en attendant les résultats des travaux de la commission. Selon Jamous et Gremion, "le *on arrête tout* de la circulaire du Premier ministre du 29 mars 1974 est naturellement destiné à créer un effet psychologique montrant que le gouvernement est prêt à prendre en charge le problème qui explose brusquement sur la place publique".

Différents projets de loi finissent par aboutir avec en 1978 la création de la loi "Informatique et Libertés".

La loi de 1978

La loi du 6 janvier 1978 relative à l'informatique, aux fichiers et aux libertés est la loi de référence encore aujourd'hui concernant les questions de fichiers de données personnelles. Elle répond aux craintes concernant les nouvelles capacités de stockage des données et le danger potentiel que cela peut constituer pour les libertés individuelles. Toute la philosophie de cette loi est résumée dans la phrase suivante : "L'informatique ne doit porter atteinte ni à l'identité humaine, ni aux droits de l'homme, ni à la vie privée, ni aux libertés individuelles ou publiques" (article 1).

La Commission nationale de l'informatique et des libertés (CNIL), chargée de faire appliquer les principes de la loi, n'entend pas interdire la création de fichiers nominatifs, mais elle cherche à en réglementer l'usage afin de limiter les effets liberticides. Le traitement des fichiers contenant des informations à caractère personnel doit obéir à certaines règles strictes : il doit être suffisamment motivé (justifié), une proportion-nalité entre les besoins et les fins doit être observée et doit être exercée de façon loyale (et non pas à l'insu des personnes), transparente (accès et rectification des données par les individus), selon une temporalité définie.

Depuis 1978, la loi a connu de nombreuses "mises à jour", mais elle n'a pas été fondamentalement modifiée. Selon un article du *Monde* daté du 5 septembre 2001, la législation française mise en place dès 1978 serait même un *"modèle du genre"* en Europe car, selon l'un des derniers rapports de la CNIL, "tous les pays de l'Union européenne (...) se sont dotés au fil des ans d'une loi proche de la nôtre et d'une autorité de contrôle indépendante". Mais la législation française issue de 1978, tout en constituant un "modèle du genre", n'échappe pourtant pas à la nécessité d'une harmonisation des législations au sein de la communauté européenne. En octobre 1995, le Conseil de l'Europe émit une directive relative à la protection des données personnelles que chaque pays de l'Union avait trois ans pour transposer dans son droit national. C'est seulement en janvier 2002 que le projet de loi de transposition a été adopté en première lecture à l'Assemblée nationale. Mais voyons quel a été le contexte propre à l'élaboration de ce nouveau projet de loi, autrement dit les conditions de sa mise sur agenda politique et les différents acteurs mobilisés autour de ces questions.

Le contexte actuel : nouvelles technologies et marketing

Si l'on peut observer certaines continuités dans les mouvements de protestation, les acteurs en présence, le changement de contexte modifient ce jeu de luttes, opposant schématiquement accès à l'information et protection de la vie privée.

Plusieurs éléments différents du contexte actuel sont à expliciter afin de saisir l'évolution des données du problème. Le progrès technique, tout d'abord, qui augmente les capacités de surveillance et de traitement des données, mais aussi le développement du pôle marchand, avec l'avènement de l'économie de marché dans une société de plus en plus libérale.

Le progrès technique

Selon un sondage du CSA-TMO, le nombre de micro-ordinateurs dans les foyers français s'élève à 6,312 millions en mai 2001. En 1975, on en comptait environ 10 000 ! Dans les années 1970, on ne parlait pas de micro-ordinateurs –la micro-informatique arrivant plus tard– mais de "systèmes d'ordinateurs". Le premier ordinateur personnel –le fameux PC, *personal computer*– n'est lancé par IBM qu'en 1981. En plus de vingt ans, on a donc assisté à une remarquable démocratisation de l'informatique, permettant l'accès pour le plus grand nombre à une masse d'informations considérable. Plus largement, le développement remarquable des nouvelles technologies de l'information et de la communication augmente la capacité de transmission et d'échange de l'information grâce à un système en réseau. De ce fait, il n'y a plus une source l'information, mais des millions. Cette pluralité de sources rend plus difficile leur contrôle, en particulier sur le réseau Internet.

Mais d'autres outils technologiques tels que la carte bleue ou le téléphone portable s'avèrent être d'excellents moyens de récolter de l'information sur leurs usagers à leur insu. Si le "fichage" de leurs clients par les entreprises est une pratique très ancienne, elle est fortement facilitée par ces nouvelles technologies, au sein desquelles Internet semble le plus efficace, car le plus inattendu.

Le développement du commerce de données personnelles en France et aux États-Unis

À côté du développement des technologies de l'information et de la communication, un autre élément fondamental est l'évolution des techniques de vente. On assiste en effet au passage d'une production de masse et des techniques de vente basées sur l'expérience à une production plus adaptée aux besoins des consommateurs que l'on appréhende par le biais d'enquêtes d'opinion, de sondages. Des techniques marketing, basées sur la notion de profil (notamment géographique) et sur les probabilités de comportement d'achat s'y rattachant, renvoient à un processus de personnalisation de l'offre au consommateur qui suppose une connaissance très fine de ses goûts, ses caractéristiques, d'où l'importance des fichiers de données personnelles qui acquièrent de ce fait une valeur marchande.

Les fichiers du recensement s'avèrent alors des sources précieuses d'information pour les entreprises qui souhaitent davantage cibler leurs offres. Si la vente des fichiers du recensement se pratique aux États-Unis, en France, par contre, le commerce des données personnelles a été fortement limité grâce à un règlement assez strict.

Les mobilisations contre le fichage des individus par les administrations continuent

Alors que l'usage du NIR comme identifiant unique avait été interdit à la suite de l'affaire SAFARI, un projet similaire est avancé en 1997, prévoyant l'interconnexion des fichiers sociaux et fiscaux afin de lutter contre la fraude fiscale.

Les détracteurs du projet ne contestent pas l'argument de lutte contre la fraude –ce serait difficile– mais ils soulignent le fait que ce dispositif ne permet pas de lutter contre la fraude des plus riches, des plus organisés.

Si l'usage du NIR est autant surveillé par les militants antifichage, c'est parce que, selon eux, ce numéro n'est pas comme les autres : il est *signifiant*, c'est-à-dire qu'il n'est pas fixé aléatoirement mais a un sens puisqu'il comporte des informations sur le sexe, la date et le lieu de naissance. D'autre part c'est un identifiant *stable* puisqu'on nous l'attribue dès la naissance et il ne varie pas jusqu'à notre mort, donc un identifiant *unique* et *fiable*.

Dans ses recommandations du 29 novembre 1983, la CNIL préconise que "l'emploi du NIR, comme l'identifiant des personnes dans les fichiers, ne soit ni systématique ni généralisé" et que "les responsables de la conception d'applications informatiques se dotent d'identifiants diversifiés et adaptés à leurs besoins propres".

À la différence du premier projet d'utilisation du NIR compris dans l'opération SAFARI, le projet pour l'interconnexion des fichiers sociaux et fiscaux a fini par aboutir. La première raison est la force de l'argument de la lutte contre la fraude fiscale, et le caractère évident de la solution de l'usage du NIR. La seconde raison de l'aboutissement du projet tient au contexte idéologique, social et technologique. En effet, comme nous l'avons dit précédemment, la France des années 1990 n'a plus le même regard vis-à-vis de l'informatique que celle des années 1970, période des débuts de l'informatisation.

Mais les détracteurs des projets ne trouvent pas le relais de l'opinion comme dans les années 1970 et le débat se déplace

Malgré l'importance de ces mobilisations autour de l'informatisation de l'action sociale, on est frappé par leur ressemblance avec celles suscitées par le projet GAMIN. Pourtant, une énorme différence est à signaler entre les débats des années 1970 et ceux d'aujourd'hui : ils ne sont relayés par les médias, par l'opinion. Les débats, qui recouvrent des argumentaires semblables à ceux du passé, restent limités à certains milieux de professionnels, de techniciens ou d'intellectuels sans que le plus grand nombre semble s'y intéresser, comme cela avait été le cas lors de l'affaire SAFARI. C'est là que se joue l'importance du contexte idéologique, social et technologique –l'informatique inquiète moins les esprits– dans la configuration des débats. Il semblerait alors que la période actuelle soit plus tournée vers la crainte non pas d'un fichage des individus par les administrations, mais de celui des consommateurs –ou internautes– par les entreprises.

Comme nous l'avons signalé précédemment, le contexte actuel est marqué par une nette démocratisation de l'informatique. Les administrations ne sont plus les seules détentrices des moyens de fichage, et n'importe quelle PME est en mesure de se créer un "fichier client" de grande envergure. Le récent développement d'Internet constitue une facilité supplémentaire car il met en réseau l'ensemble des ordinateurs connectés au monde. L'interconnexion de fichiers est alors très facile.

Le débat se fait d'une manière générale sur la régulation d'Internet, perçu comme un espace de non-droit.

Mais la régulation de l'Internet fait l'objet de demandes complexes, voire contradictoires. Des équilibres doivent être trouvés entre libertés et contrôles pour satisfaire des aspirations très diverses, en veillant, d'un côté, à la reconnaissance de la primauté des libertés et, de l'autre, à la sauvegarde des droits fondamentaux (protection des mineurs, droit au respect de la vie privée et de la dignité humaine). Ainsi, si l'on a souvent mis en exergue la gratuité d'Internet, des enjeux économiques viennent contredire cette vision presque idyllique d'Internet, avec les débats relatifs aux propriétés intellectuelle, industrielle et droits d'auteur, renvoyant à des informations "non gratuites".

De la même façon, les exigences de contrôle des contenus sur Internet, non seulement liées au droit (contenus illicites) mais à l'éthique et la morale, peuvent être en contradiction avec la défense de la liberté d'expression.

De nombreuses associations militent dans le domaine de l'informatique et des libertés, avec des champs d'action très divers (associations citoyennes, familiales, associations d'informaticiens, syndicats professionnels dans le domaine de l'informatique, mais aussi du travail social, de la santé...). Ces associations constituent cependant des mouvements minoritaires, qui ne trouvent pas l'écho de leurs revendications dans l'opinion publique comme c'était le cas dans les années 1970.

La moindre inquiétude des personnes concernant les atteintes à leur vie privée préoccupe les associations, qui souhaiteraient que les individus soient plus conscients des dangers qui pèsent sur leurs libertés. Ainsi, dans un colloque intitulé "Surfichés, ne vous en fichez plus..." organisé par la Ligue des droits de l'homme (LDH), et différents collectifs (Collectif Informatique, Fichiers et Citoyenneté[5] ; Collectif pour les droits des citoyens face à l'informatisation de l'action sociale[6]), Alain Weber, avocat et membre de la LDH commençait son intervention de la façon suivante : "George Orwell s'est trompé. Il s'est trompé, non pas sur les risques d'intrusion de l'informatique dans la vie quotidienne –la réalité ayant dépassé la fiction– mais bien plutôt sur la capacité des citoyens à s'en émouvoir : les acteurs de *1984* sont éminemment conscients de l'oppression et du viol permanent qu'ils subissent du fait de l'informatique, alors que les citoyens de l'an 2000 sont totalement inconscients des dangers et enjeux liés à l'informatisation rampante de la société. Pis, ils participent par leur silence au lent naufrage de leurs libertés".

Des sociétés en réseaux

Les comparaisons entre la prophétie d'Orwell et la période actuelle sont fréquentes. Si Alain Weber évoque l'inconscience des individus des risques encourus, Manuel Castells situe le décalage entre la fiction et la réalité à un tout autre niveau : "Il convient d'écarter d'emblée toute l'imagerie de Big Brother s'il s'agit d'établir un lien entre nos sociétés et la prophétie d'Orwell (...) [car] l'étatisme s'est désintégré au contact des nouvelles technologies de l'information au lieu d'arriver à les maîtriser (...) ; et ces technologies ont déchaîné une puissante dynamique de construction de réseaux et de décentralisation, et remis en cause, par là même, la logique centralisatrice des instructions venues d'en haut et de la surveillance bureaucratique (...). Nos sociétés ne sont pas des prisons disciplinées, mais des jungles chaotiques" (Castells, 1998).

Selon Manuel Castells, le développement des nouvelles technologies a favorisé l'essor des "sociétés en réseau". Il s'oppose donc à l'idée d'un pouvoir centralisé, tout-puissant, sans pour autant nier le fait que les

5. Collectif Informatique, Fichiers et Citoyenneté : AILF (Association des informaticiens de langue française), CIII (Centre d'initiatives et d'informations sur l'informatisation), Collectif contre la Cartécole, CREIS (Centre de coordination pour la recherche et l'enseignement en informatique et société), *terminal* (revue), Souriez vous êtes filmés, Vecam (Veille européenne et citoyenne sur les autoroutes de l'information et le multimédia).

6. Collectif pour les droits des citoyens face à l'informatisation de l'action sociale : ANAS (Association nationale des assistants de service social), SNMPMI (Syndicat national des médecins des PMI).

nouvelles technologies de l'information puissent être un outil de surveillance et de contrôle. Mais il signale que ces nouveaux outils de communication "peuvent aussi permettre aux citoyens de renforcer leur contrôle sur l'État, en les mettant en mesure d'accéder de plein droit à l'information dans des banques de données publiques, d'entrer en interaction "en ligne" avec leurs représentants politiques, d'assister en direct aux séances des assemblées politiques et finalement de les commenter sur le vif".

Les nouvelles technologies de l'information et de la communication (NTIC) peuvent donc être tout autant un instrument de contrôle de la société qu'un levier pour sa démocratisation, en facilitant l'accès à l'information au plus grand nombre et la participation des citoyens à la vie politique. Dans cette optique, l'État devient "plus surveillé que surveillant."

Non pas un Grand Frère mais une multitude de Petites Sœurs

Dans cette société "en réseau", la multiplication des sources d'information et leur accès au plus grand nombre augmentent le nombre d'acteurs qui peuvent potentiellement porter atteinte à la vie privée. Si bien que "le vrai problème est ailleurs : c'est la concentration d'informations sur les individus par les grandes firmes et les organisations de toutes sortes, ainsi que la création d'un marché pour ce type d'information. (...) Au lieu de Big Brother, du Grand Frère oppresseur, voici qu'une nuée de "Petites Sœurs" –ne voulant que notre bien, entrant en contact avec chacun de nous sur un plan personnel parce qu'elles savent qui nous sommes– ont envahi tous les domaines de notre vie" (Castells, 1998).

Si l'on revient à notre interrogation initiale, on peut ainsi observer le déplacement du problème qui s'est opéré en trente ans : d'une crainte du fichage par l'État, par le biais des administrations, on est passé à une crainte d'une surveillance par une multiplicité d'acteurs, et plus particulièrement ceux du pôle marchand, des entreprises. En effet, c'est la surveillance des individus –employés ou consommateurs– par les entreprises qui fait couler le plus d'encre à l'heure actuelle.

L'analyse des débats autour des questions du fichage pour deux périodes données montre qu'il existe une certaine persistance des actions opposant classiquement certains groupes d'acteurs, mais qui ne sont pas "traitées" socialement de la même façon. Le contexte idéologique et en particulier la vision de l'État y sont pour beaucoup dans la façon dont les acteurs perçoivent la question du fichage des individus par les administrations. D'autre part, les évolutions technologiques amènent de nouveaux enjeux et de nouveaux acteurs. Reste que la menace actuellement jugée la plus préoccupante provient d'un acteur peu pris en compte dans les années 1970, au moment où les militants se sont mobilisés contre les atteintes à la vie privée : le pôle marchand.

■

Cybersurveillance dans l'entreprise

Entretien avec Hubert Bouchet*

Thomas Lamarche (T. L.) – Vous montrez que le fichage ne résulte pas seulement d'une action délibérée, mais résulte souvent d'une accumulation de données de fait, permise par la technique. Qu'en est-il alors d'une volonté de ficher dans l'entreprise ?

Hubert Bouchet (H. B.) – D'abord le fichage existe depuis une éternité. Il y a toujours eu des gens qui, sur des documents papier, conservaient des informations, des renseignements sur les personnes. S'agissant de l'informatique, deux grandes étapes sont à distinguer : la première au cours de laquelle les fichiers étaient constitués intentionnellement par un maître de fichier. La seconde, c'est le travail en réseau qui l'ouvre avec les traces, que depuis le lever jusqu'au coucher, chacun laisse partout dans toute la vie quotidienne : dans les transports en commun, au café, au restaurant, à la salle de gym. Chaque jour, chaque semaine, chacun laisse une quantité considérable de traces dans les machines et sur le réseau. Quoi de plus facile alors, sans qu'il y ait intention mauvaise de quiconque que leur traitement soit automatisé. Cela peut permettre de reconstituer ce qui jusque là était un puzzle dont les éléments étaient trop disparates pour qu'il soit envisageable d'en rétablir la cohérence. Ce qui est nouveau, c'est que la machine elle-même porte en elle la capacité de conserver des traces, dont la réunion et le traitement peuvent déterminer un profil de la personne.

T. L. – Est-ce qu'il y a, parallèlement à ce contrôle de fait, une volonté de contrôle, notamment dans l'entreprise ?

H. B. – Il y a une montée des facilités du contrôle. Mais il y a toujours eu du contrôle. Autrefois, il y avait le badge, qui vérifiait que vous entriez bien au travail et, ensuite, il y avait éventuellement une caméra de surveillance. Désormais s'ajoutent les traces informatiques que vous laissez ; les possibilités de contrôle en sont accrues d'autant. Cela est d'autant plus important qu'une métamorphose du travail humain, qui n'a pas de précédent, se déroule simultanément. Avec cette métamorphose, le travail de force, dont le résultat est visible directement, s'estompe.

---

* Suite au rapport sur la cybersurveillance des salariés qu'il a conduit pour la CNIL, dont il est vice-président, Hubert Bouchet nous a accordé un entretien que Thomas Lamarche a mené pour *terminal*. Hubert Bouchet est aussi secrétaire général de l'Union des cadres et ingénieurs FO et membre du Conseil économique et social. Le rapport est disponible sur le site www.cnil.fr.

Le travail change de nature. Son effectivité n'apparaît plus en temps réel. De surcroît, il est furtif avec un résultat décalé et postérieur à sa réalisation. L'efficacité professionnelle du travailleur y résulte de sa capacité au maniement de l'information. Pour apprécier celle-ci, l'idéal serait d'approcher les capacités à comprendre un problème et à s'en saisir, à traquer la bonne information pour la traiter et en tirer le meilleur...

Par les techniques modernes, par toutes les traces que vous aurez laissées et qui pourront être traitées par des logiciels sophistiqués, on pourra réaliser cette appréciation et ajouter au profil commercial ou de loisir, un profil professionnel. Il y a un danger particulier à ce profil professionnel du fait que l'entreprise n'est pas un lieu de liberté comme les autres. Quand vous n'êtes pas content d'être fiché dans un grand magasin, vous allez dans un autre. Il ne peut en être pareillement dans l'entreprise. Vous ne pouvez pas la quitter. Vous avez un contrat qui vous lie. Ces techniques nouvelles ouvrent une nouvelle ère à la surveillance, beaucoup plus dangereuse que les surveillances d'avant, qui étaient limitées à contrôler les allées et venues des personnes, alors que les techniques modernes permettent d'entrer dans le mode de fonctionnement intellectuel de chacun, et de savoir par les traces qu'il laisse sur son ordinateur, réunies, traitées, ses manières de travailler, donc de fournir matière à de nouvelles discriminations. C'est ça qui est important. Regardez l'histoire d'IBM et de la notation des salariés. À ce jour encore, les moyens de classer les salariés sont grégaires (notes, face-à-face, fiches). Avec les techniques nouvelles, on pourra ajouter à ces notes grégaires, qu'on peut contredire, quelque chose de beaucoup plus pernicieux parce que ça se présentera sous le couvert d'une approche beaucoup plus scientifique. C'est ça qui est nouveau.

T. L. – Est-ce qu'on peut parler de la restriction, voire de la fin des libertés dans l'entreprise ? L'entreprise a toujours été un lieu de contrôle, mais est-ce que les espaces de liberté tendent à se réduire de plus en plus, ce qui peut-être paradoxal alors qu'Internet est présenté comme un moyen libéral, voire libertaire? Les possibilités de contrôle par Internet vont-elles transformer cette situation ?

H. B. – Ici, plusieurs éléments sont à considérer au regard de la liberté et du droit à la vie privée dans l'entreprise. Il faut d'abord rappeler qu'avant 1980 l'entreprise n'était pas un lieu de liberté. Il était affirmé que s'y exerçait le pouvoir réglementaire privé du chef d'entreprise, formulé dans le règlement intérieur. C'est le patron, "seul maître à bord après Dieu", qui décidait à l'intérieur de l'entreprise. Depuis 1982 et les lois Auroux, le droit à la vie privée est formellement reconnu dans l'entreprise aussi. Depuis lors, on considère qu'il y a une part irréductible de vie privée qui se passe dans l'entreprise. La CNIL a réfléchi autour de ça, en disant : premièrement, l'employeur a le devoir de protéger son bien, donc il a le devoir de surveiller, par exemple pour que ses secrets ne soient pas mis sur la place publique et livrés à la concurrence ; deuxièmement, il a le droit de vérifier l'exécution du contrat de travail. En face, il y a le salarié qui n'a pas à être transparent dans l'entreprise, il a le droit à l'opacité sur tout ce qui n'est pas directement lié aux nécessités de son emploi. Ce droit à l'opacité légitime trouve une justification incontestable dans le travail moderne, qui est plutôt à base neuronale, ne s'exécute bien qu'en liberté. C'est-à-dire que le travailleur moderne qui fait jouer ses neurones plus que ses bras a une productivité liée à son confort de travail (ne pas être surveillé, harcelé...) et à ses capacités professionnelles, bien sûr. Pour travailler demain, il y a des capacités qui seront nécessaires et dont on n'avait pas besoin hier ou différemment en forme et intensité.

Ce qui veut dire que les techniques modernes permettent la surveillance de tous les instants, mais l'exigence du travail moderne impose qu'on ménage la plus grande liberté aux salariés parce que c'est comme cela qu'ils sont plus intelligents et efficaces. Au fond, il y a une face complètement noire de la surveillance : Foucault disait : "Dans le monde contemporain, l'homme est devenu une bête d'aveux." Partout, vous avouez, mais là, par vos traces, vous n'avouez pas formellement, vous avouez indirectement : c'est de l'aveu indirect. Avant de venir me voir, vous ne saviez pas grand-chose sur moi, peut-être vous aviez vu ma photo, vous saviez que j'étais à la CNIL et puis c'est tout ce que vous saviez. Alors que si toutes mes traces étaient quelque part sous un même numéro, il serait tentant d'aller les consulter pour éventuellement m'instrumentaliser.

Plus fondamentalement, on sait que l'être humain ne fonctionne que grâce à une alternance d'ombre et de lumière, et donc grâce à l'existence d'une opacité nécessaire. Les techniques permettent de le mettre en permanence en pleine lumière, ce qui revient à l'empêcher de vivre. La nature elle-même nous enseigne que les êtres vivants ne peuvent pas vivre en permanence en pleine lumière. Il y a une alternance d'ombre et de lumière pour les plantes, il y a une alternance de nuit et de veille pour les animaux et les êtres humains...

T. L. – Il y a de plus en plus d'occasions de surveiller, on vient de le dire. Est-ce que ça ne rend pas caducs les principes d'information préalable, de transparence, qui sont des principes très forts pour les libertés individuelles ?

H. B. – Ça ne les rend pas caducs, ça en renforce l'acuité. Ce n'est pas parce que les principes énoncés pour les grands fichiers, sur le droit d'accès et de rectification par exemple, sont très peu utilisés qu'ils sont caducs. Il y a peu de gens qui font jouer leur droit d'accès, mais il n'empêche que l'existence de ce droit a fait naître et vivre une régulation qui protège contre la dimension liberticide des techniques nouvelles. Donc, les principes sont d'une acuité plus grande que jamais, mais toutes les commissions nationales informatiques du monde ne suffiront pas à les faire appliquer si chacun d'entre nous ne s'en sert pas. C'est à chacun d'entre nous de faire plus jouer ces principes-là et d'aller vérifier si les informations collectées nous concernant ne sont pas excessives par rapport aux finalités de leur collecte, si elles sont pertinentes, bref, qu'on fasse jouer ce fameux droit d'accès et de rectification.

T. L. – Face à cela, comment voyez-vous évoluer le pouvoir, les moyens d'action, la position de la CNIL ?

H. B. – La CNIL a été créée pour faire que développement technologique et liberté aillent de pair. Il faut retourner à l'article 1 de la loi Informatique et Libertés, qui est la meilleure réponse à cette question. On se rend bien compte que le génie des créateurs de la CNIL fut de dire, en 1978 : la technique va bouger, c'est sûr, mais comment et vers où, nul ne le sait. Et ils avaient sacrément raison. Pour ne pas avoir à modifier la loi à chaque évolution technique, ils ont décidé de mettre dans une loi les principes fondateurs et de créer la CNIL, destinée à assurer en permanence l'adéquation entre les techniques qui naissent et la nécessaire protection de la liberté.

La CNIL est la seule organisation de ce genre en France. Il y a bien sûr la COB, le CSA... mais ces autorités sont beaucoup moins plurielles : la CNIL, elle, a des commissaires de 12 provenances, ensuite elle élit son président et son bureau, alors que dans les autres autorités, celui-ci est nommé par le pouvoir. La constitution de la CNIL, par la diversité de provenance de ses membres, protège de tout risque. De plus, ça bouge tout le temps dans la CNIL. Là, par exemple, avec le changement de majorité, les députés ne vont plus être les mêmes. Et enfin, il y a le fait que le rapport public de la CNIL soit remis de façon très solennelle au Président de la République, au Premier ministre, aux présidents de l'Assemblée nationale et du Sénat. Donc, il y a une culture de la protection de la vie privée en France, qui est née autour de la CNIL, pour parer aux dangers qui avaient été pressentis par les précurseurs en 1975.

T. L. – Depuis le 11 septembre, date un peu lourde, mobilisée par tout le monde, on constate un retour des politiques plus sécuritaires. Est-ce que ça permet de renforcer les systèmes de contrôle des salariés ?

H. B. – Il y a eu du bruit de fait pour peu de transformations parce que le 11 septembre des États-Unis, nous on l'a connu en 1986. Cette année-là, à la suite d' une vague d'attentats, une législation anti-terroriste a été adoptée. Cette législation prévoit notamment une centralisation des poursuites pénales en matière de crimes et délits terroristes, des juridictions spécialisées pour juger des crimes terroristes et des pouvoirs de police judiciaire plus étendus dans ce domaine que dans d'autres hypothèses. De même, la France dispose, depuis 1988, d'une législation sur la fraude informatique qui est applicable en matière de virus informatique et, depuis 1991, d'une législation spécifique sur les interceptions de communications qui est applicable aux échanges sur Internet.

Postérieurement aux événements du 11 septembre, la France a adopté une législation spécifique sur la conservation des données de connexion à Internet à des fins de police. Ces dispositions ont cependant été préparées bien avant les événements du 11 septembre. Cette législation du 31 octobre 2001 fixe la durée de conservation des données de connexion à un maximum d'un an. Dans son avis officiel sur ce projet de loi, la CNIL avait proposé que la durée de conservation des données de connexions soit fixée par la loi elle-même, et non pas par un décret en Conseil d'État, et soit limitée à trois mois. La CNIL n'a pas convaincu le gouvernement ni le Parlement, qui a adopté à la quasi-unanimité et très rapidement ces dispositions. La CNIL aura cependant à examiner les mesures d'application. Donc, au fond, ce qui s'est passé depuis le 11 septembre pour ce qui nous concerne, de mon point de vue, a modifié les choses plutôt à la marge qu'au cœur. On avait vérifié la performance et la pertinence des systèmes dans une situation de crise, qui était de moindre ampleur, mais par nature un peu comparable.

T. L. – Un mot sur les syndicats puisque vous êtes syndicaliste.

H. B. – L'origine de ma présence à la CNIL, c'est le Conseil économique et social, dont je suis membre au titre de FO. Il y a 17 commissaires à la CNIL : 2 commissaires issus du Conseil économique et social, 2 sénateurs, 2 députés, 2 membres de la Cour des comptes, 2 membres de la Cour de cassation, 2 membres du Conseil d'État, une personne désignée par le président de l'Assemblée nationale, une personne désignée par le président du Sénat, plus trois personnalités qualifiées. L'alimentation de la réflexion de la CNIL sur le monde du travail résulte naturellement de l'activité syndicale qui est la mienne et qui est surdéterminante par rapport à toutes les autres qui en découlent. Par ailleurs, dans cette maison (CES), j'ai été rapporteur de plusieurs textes traitant de la métamorphose du travail humain.

Personne ne comprend où est le travail aujourd'hui. La dernière loi sur le travail du XXe siècle, la loi Aubry, considère encore qu'il y a une unité de lieu, de temps et d'action pour le plus grand nombre d'êtres humains au travail. Or, ce n'est plus vrai. Vous êtes parti de chez vous à 8 heures ce matin et je sais très bien qu'avant que l'on ne se voie, vous avez déjà travaillé, gambergé, etc. Le travail intellectuel se fait n'importe où. On ne peut pas l'enfermer et il faudra trouver de nouvelles régulations. Une des grandes questions à venir va être la mesure du travail intellectuel. Avant, par les gestes que vous faisiez quand, par exemple, vous construisiez un mur, votre performance en découlait directement au vu et au su de tout observateur. Mais la performance du travail intellectuel ne se mesure pas de la même façon. Alors on est poussé à chercher à comprendre comment fonctionnent les gens. On voit bien l'intérêt des techniques nouvelles qui sont sans précédent pour connaître ce fonctionnement à partir des traces laissées par le travailleur intellectuel. Vu du bon côté, cela permet de faire que chacun soit à la meilleure place possible. De l'autre côté, cela permet à des hiérarchies de tout poil d'organiser un peu de coercition, et éventuellement d'attenter à la liberté par de l'inquisition *hard* ou *soft*. Pour répondre le plus clairement à votre question, je dirai que la présence d'un syndicaliste à la CNIL est, en ce moment, d'une particulière utilité à cause des changements qui affectent le travail, la métamorphose, et de ceux qui affectent la technique. Cette dernière peut être de plus en plus intrusive et attentatoire à la fois à la liberté et à l'efficacité du travail moderne dans le temps où ce dernier requiert la plus grande liberté pour la pleine libération des facultés du travailleur.

On voit bien que se posent ici des questions subtiles d'équilibre entre le droit de l'employeur, à savoir le nécessaire pour la bonne marche de ses affaires, et le droit du salarié à protéger au travail la part de vie privée que la réalisation de son travail n'exige pas. C'est subtil et, là, l'œil et l'expertise syndicale peuvent être utiles. Du moins, je le crois.

T. L. – Le droit d'accès aux systèmes d'information par les organisations syndicales vous semble-t-il une avancée souhaitable ?

H. B. – Oui, bien sûr, il faut avancer de toute façon... Le tract qu'on distribuait autrefois va devenir un tract électronique susceptible de diffusion exhaustive à des listes. Cette diffusion est actuellement interdite. Le code du travail ne le permet pas. Cela dit, distribuer un tract électronique à tous les salariés est à double tranchant. Son caractère intensif peut nourrir le rejet de celui qui le reçoit.

On voit bien que, pour ce qui concerne l'usage par les organisations mêmes, c'est compliqué car il y a la peur latente d'une amplification de la lutte des classes à la faveur de la disposition des outils nouveaux. Il y a aussi le risque de la démocratie directe avec, par exemple, l'impossibilité de donner du temps au temps dans une négociation.

T. L. – Vous parlez beaucoup de confiance. Est-ce votre optimisme ou celui de la CNIL ?

H. B. – C'est le mien en tout cas. Je pense que, dans le travail moderne, il y a une forme de mariage entre la liberté et l'efficacité professionnelle. Les sociétés qui sont les plus surveillantes seront les moins productives. Mon optimisme après, c'est que toutes les techniques nouvelles sont en général craintes par ceux qui sont vieux. Et là je vais en appeler à un très grand et vénérable ancien. Jules Michelet, le 22 mai 1839, dans sa leçon au Collège de France, appelait ainsi l'attention : "Les grands esprits d'il y a deux cents ans ne comprendraient rien aux choses d'aujourd'hui, tandis qu'il suffit à l'enfant de naître pour être initié à tous les secrets de la vie contemporaine. C'est là l'utilité de la mort, elle simplifie les questions en détruisant l'impuissance de comprendre, en ménageant sans cesse des êtres nouveaux pour les choses nouvelles."

■

Lutte contre le crime et/ou vie privée : un débat difficile !

À propos de l'alinéa 1er du paragraphe 2 de l'article 109 *ter* de la loi belge du 25 mars 1991 introduit par la loi belge du 28 novembre 2000 sur la criminalité informatique.

Yves Poullet*

"Si tu es prêt à sacrifier un peu de liberté pour te sentir en sécurité, tu ne mérites ni l'une ni l'autre."

Benjamin Franklin, Président des États-Unis.

L'histoire de l'article de loi portant réforme de certaines entreprises publiques témoigne de la légitimité de cette crainte et la consécration dans la loi récente sur la criminalité informatique des prestataires de la société de l'information avec les autorités policières ajoute, dans le contexte présent, celui des suites des attentats des tours du World Trade Center à cette angoisse d'un monde sécuritaire. La disposition belge n'est-elle pas évoquée dans les débats européens comme un modèle ?

Notre propos est dès lors de t'en offrir un commentaire en même temps que de prendre parti dans ce débat. Certains accents te rappelleront ceux des "avis" qu'en la matière la Commission nous a demandé bien souvent de commettre ensemble et dont la rédaction nous trouvait sur la même longueur d'onde.

La disposition nouvelle astreint sous peine de sanctions pénales les opérateurs de réseaux et les fournisseurs de services de télécommunications à conserver dans les limites du territoire de l'Union européenne, pendant une durée minimale de douze mois, les données d'appel des moyens de télécommunications et d'identification des utilisateurs de services. On ajoute qu'un arrêté royal délibéré en Conseil des ministres après avis de la Commission pour la protection de la vie privée déterminera le délai et les données à conserver. Cet arrêté royal n'a point encore été pris.

L'examen de cette disposition suit la démarche suivante :

- le premier point conduit à une description analytique de la portée du texte : qu'entend-on par "opérateurs" ou "fournisseurs de services" ? Quelles "données" peuvent ou doivent être conservées ?

* Doyen de la faculté de droit des FUNDP de Namur ; directeur du centre de recherche Informatique et Droit de Namur (http://www.crid.ac.be) ; yves.poullet@fundp.ac.be.

- le deuxième point évoque le débat européen actuel relatif à la lutte contre la cybercriminalité, débat ravivé par les suites des attentats du 11 septembre, en particulier les discussions du projet de directive sur la vie privée et le secteur des communications électroniques ;
- le troisième point, enfin, critique la disposition légale, objet de l'étude, du point de vue des principes de la protection de la vie privée contenus dans les textes tant internationaux, européens que belges.

La signification de la disposition

La disposition légale complète un texte récemment introduit. La loi du 11 juin 1998 modifiant la loi du 30 juin 1994 relative à la protection de la vie privée contre les écoutes, la prise de connaissance et l'enregistrement de communications et de télécommunications privées avait en effet introduit l'obligation de certains prestataires de services de communications de collaborer avec les autorités judiciaires. Selon la loi, le Roi détermine, après avis de la Commission de la protection de la vie privée, par arrêté délibéré en Conseil des ministres, "les moyens techniques par lesquels les opérateurs de réseaux et les fournisseurs de services doivent permettre le repérage, la localisation, les écoutes, la prise de connaissance et l'enregistrement de télécommunications privées".

La crainte principale exprimée par la Commission de protection de la vie privée à l'égard de cette loi était le risque de l'instauration d'une surveillance exploratoire générale : sous réserve des limites que pourrait introduire l'arrêté royal, les autorités judiciaires reçoivent en effet le droit d'extraire des banques de données tenues par les opérateurs et fournisseurs de services des informations permettant une surveillance générale et exploratoire. Cette surveillance générale exploratoire est bannie par les principes établis par la Cour européenne des droits de l'Homme sur base de l'article 8 de la Convention européenne.

Le complément que la loi du 28 novembre 2000 ajoute à l'alinéa 1er du § 2 amplifie considérablement les moyens donnés à l'autorité policière puisqu'il s'agit de lui permettre d'accéder aux données de communication non seulement en temps réel mais également en temps différé. En effet, est mise à charge des prestataires de services de télécommunications l'obligation, sanctionnée pénalement, de mettre à disposition des autorités les données conservées sur le territoire de l'Union européenne, et ce pendant au "minimum" douze mois[1].

La disposition vise tout "opérateur et fournisseur de services de

1. Le délai de conservation a été fixé à "au minimum de douze mois" en dernière minute. La première proposition de loi laissait le soin au Roi de fixer ce délai. La Commission avait jugé dans son avis qu'il était nécessaire que le législateur se prononce lui-même sur cette durée vu l'impact de cette disposition sur nos libertés individuelles. La Commission de protection de la vie privée avait plaidé pour un délai plus court : trois mois comme le préconisent la loi allemande et la recommandation n° 3/99 relative à la conservation des données relatives aux communications pour les offreurs de service Internet en vue d'assurer le respect de la loi du "Groupe de protection des données" institué par l'article 29 de la directive 95/46/CE.

télécommunications". Par opérateurs de réseaux, on entend tout prestataire offrant des services traditionnels de transport et d'acheminement des messages, qu'ils s'agisse de réseaux publics ou privés comme des intranets propres à une administration ou à toute organisation, qu'il s'agisse de réseaux de mobilophonie, hertziens, satellitaires, câbles ou autres.

La notion de "fournisseur de services de communications" élargit encore le champ d'application de la disposition. On songe aux multiples prestataires intervenant dans l'offre de services de l'Internet (services d'accès, services de messagerie, *search engines*, portails, services de forum de discussion, etc.) ou dans l'offre de services à valeur ajoutée (services de cryptographie, services de *trusted third parties*, services électroniques bancaires...). On ajoute même les tenanciers de "cybercafés", les serveurs d'anonymisation, etc.

C'est à l'arrêté royal prévu par la loi de déterminer parmi cette liste ceux visés par la disposition légale. On notera que la plupart des "opérateurs" ou "fournisseurs" n'ont *a priori* aucune raison de conserver les données au-delà de la durée de connexion[2]. Nombre de ces services sont en effet gratuits. En d'autres termes, la seule finalité de la conservation des données est la manifestation de la vérité dans le contexte de la poursuite d'infractions. Cette contestation a des conséquences sur le fondement de la légitimité des traitements et bien évidemment sur le statut des personnes tenues à cette conservation.

Les données à conserver seront fixées également par arrêté royal. Il s'agit, selon le dispositif légal, des données d'appel des moyens de télécommunication[3] et des données d'identification des utilisateurs des services.

La liste de telles données est infinie. Le "*discussion paper*" préparé par les services de la Commission pour la réunion d'experts du 6 novembre relative à la rétention des données relève plus de 60 données susceptibles d'être ainsi collectées et conservées[4]. On notera en effet, à la suite de J.-M.

2. À cet égard, la remarque de la Commission de protection de la vie privée, o.c., p.9.

3. L'exposé des motifs (Doc. Parl., Chambre 0213/001, p. 30) précise qu'il s'agira notamment des données relatives à l'origine, la destination, la durée et la localisation des appels. Le Sénat (Doc. Parl., 2-392/3, p. 31) estime qu'ainsi les adresses IP des ordinateurs émetteurs et destinataires des télécommunications électroniques, les log-in et les log-out, l'heure et début de la fin de connexion voire les adresses Internet visitées font partie des données d'appel.

4. L'annexe 2 du *discussion paper* (29 octobre 2001) préparé par les services de la Commission dans le cadre du EU Forum on Cybercrime du 27 novembre 2001 et de la réunion d'experts préparatoire du 6 novembre établit la longue liste des types de données susceptibles d'être enregistrées et ce par types de service Internet : ainsi, pour l'e-mail server : SMTP log ; date and time of connection of client to server; IP adress of sending computer ; message ID ; sender e-mail adress; receiver e-mail adress ; status indicator ; POP log or IMAG log ; date and Time of connection of client connected to server ; IP adress ; User ID ; (in some cases) identifying information of e-mail retrieved ; File upload and download servers ; pour le FTP (file transfer protocol) log, date and time of connection ; IP source adress ; path and filename of Data object uploaded or downloaded ; pour les services web : Http log ; date and time of connection ; IP source adress ; operations (types of command) ; path of operation ; last visited page ; Response codes ; ....

Dinant, d'une part, que ces traces se multiplient du fait de l'utilisation de plus en plus généralisée des services de communication dans tous les secteurs de la vie professionnelle et non professionnelle et, d'autre part, que les détenteurs, la nature et le lieu du stockage de ces traces deviennent de moins en moins visibles par l'individu qui les crée et les abandonne au gré des réseaux le plus souvent malgré lui.

Ainsi, lors d'une visite d'un site Web proposé par un serveur quelconque et ce à partir du site d'une société fournisseur d'un service d'indexation automatique (*search engines*) comme Lycos Altavista, l'internaute laissera, sans compter les nombreux traitements invisibles possibles, des traces chez le ou les opérateur(s) des réseaux de télécommunications que son message empruntera, chez le fournisseur d'accès et chez les différents serveurs des sites visités. La nature des traces laissées dans l'exemple donné est variée. Si l'opérateur de réseau garde les traces du trafic (le numéro appelant ou plutôt l'adresse du destinataire du message), le fournisseur d'accès peut dans son *logbook* conserver la trace des diverses utilisations opérées à partir du système d'information de l'internaute : les différents sites visités, voire les pages visitées et le parcours suivi, la durée de chaque visite et bien évidemment les caractéristiques de la configuration utilisée par l'internaute. Une même richesse d'informations se retrouvera chez l'opérateur du service de recherche et d'indexation automatique, voire chez la société de cybermarketing avec laquelle le "*search engine*" sera connecté par un hyperlien invisible.

Les textes européens, ceux du projet de directive et de la convention européenne du Conseil de l'Europe, distinguent au sein de ces données, quelques catégories. Ainsi, le Conseil de l'Europe distingue les "données relatives au trafic" et celles "relatives à l'abonné" ; le projet de l'Union européenne, celles de trafic et celles de localisation. Nous reviendrons sur l'intérêt de telles distinctions.

Les débats européens relatifs à l'obligation de conservation des données de trafic

Deux enceintes européennes discutent ou achèvent leurs discussions sur l'obligation de conservation des données de communication et son corollaire : l'obligation de collaboration entre les instances privées chargées de cette conservation et les instances publiques, autorités judiciaires ou policières.

Le Conseil de l'Europe

Le Conseil de l'Europe a adopté le 8 novembre 2001 le premier traité international contre la "cybercriminalité". Il l'ouvrait à la signature des États membres ou non[5], le 23 novembre à l'occasion de la conférence de Budapest.

5. Ainsi, les États-Unis, non membres du Conseil de l'Europe, ont signé la Convention le jour même de l'ouverture de celle-ci à la signature des États.

Le texte fait suite à la recommandation n° R(95)13 du Comité des ministres relative aux problèmes de procédure pénale liés à la technologie de l'information[6]. Il est le fruit des travaux d'un comité créé dès 1997 chargé d'élaborer une convention sur la cybercriminalité dans le cyberespace et de renforcer ainsi la coopération internationale.

La recommandation se limitait à prescrire des "obligations spécifiques [...] pour les fournisseurs de services qui offrent des services de télécommunications au public *via* des réseaux de communication publics ou privés, de délivrer l'information nécessaire, lorsque les autorités compétentes chargées de l'enquête l'ordonnent, pour identifier l'utilisateur". Il s'agissait donc essentiellement dans le cas d'une enquête de permettre aux autorités policières de réclamer l'identité d'un abonné ou d'un client et ce, à partir d'une adresse TCP/IP ou d'un numéro téléphonique ou de mobilophone. La convention de 2001 contient diverses obligations pour les États signataires, étant entendu, rappelle l'article 15, que la mise en œuvre des règles prévues doit être soumise "aux conditions et sauvegardes prévues par son droit interne, qui doit assurer une protection adéquate des droits de l'Homme et des Libertés". Ce principe général induit clairement le devoir d'un respect de l'article 8 de la Convention européenne des droits de l'Homme et de la jurisprudence qui l'a suivi et interprété.

La première obligation concerne la conservation "rapide" (expéditions) de données spécifiques y compris des données de trafic qui ont été stockées aux moyens d'un système informatique. Elle incombe aux personnes gardiennes de ces données (*in the person's possession or control*) et l'article 16 prévoit que cette conservation rapide a une durée maximale de quatre-vingt-dix jours[7] éventuellement renouvelable. Cette disposition est loin d'avoir la portée générale de la disposition belge. Elle vise dans le cadre d'une enquête relative à une infraction déterminée le droit des autorités de demander à une personne déjà en possession de certaines données de les conserver pour éviter leur disparition. Elle n'autorise pas l'État à réclamer des opérateurs ou fournisseurs des devoirs supplémentaires de collecte de données et surtout pas à opérer cette conservation vis-à-vis de toutes les utilisations de son ou ses services[8].

L'article 17 souligne que la conservation et la divulgation des données conservées sur base de l'article 16 se conçoit d'un nombre suffisant de données de trafic de manière à permettre "l'identification des fournisseurs de services et de la voie par laquelle la communication a été transmise".

À côté de ce premier prescrit, l'article 18 de la convention crée l'obligation pour les États membres d'introduire des dispositions permettant aux autorités compétentes d'ordonner "à un fournisseur de

6. Disponible à http://www.coe.fr/cm/ta/rec/1995/f95r13.htm.

7. La durée de conservation d'un an avait été prévue. Elle a été sévèrement réduite à la suite de la pression des autorités de contrôle en matière de protection des données et des associations de défense des libertés.

8. Il est à noter que le Parlement européen dans son avis du 6 septembre 2001 avait insisté sur le fait qu'"il ne doit pas être établi de principe général de conservation".

service de communiquer les données relatives à l'abonné qui sont en possession ou sous le contrôle de ce fournisseur de services". L'article 18 prévoit que par "données relatives aux abonnés" il faut entendre exclusivement les données portant "sur l'identification des personnes utilisatrices des services fournis par les opérateurs et sur les caractéristiques techniques des services fournis par les opérateurs et sur les caractéristiques techniques des communications assurées par ces derniers. Elles ne peuvent en aucun cas porter sur le contenu des correspondances échangées ou des informations consultables sous quelque forme que ce soit, dans le cadre de ces communications".

On notera que le devoir de production ainsi prévu ne concerne que des données déjà traitées par le fournisseur de service dans le cadre normal de ses activités et ne vise que les données dites de connexion, c'est-à-dire les données relatives à l'identité des personnes qui se connectent au service à l'exclusion des données dites de trafic, ainsi la liste des sites visités, la durée de connexion, etc.

Cette exclusion des données quant à l'utilisation du service est le fruit de longs débats et en particulier des oppositions marquées d'une série d'associations américaines et européennes de défense des libertés[9] de même que du Groupe européen de protection des personnes à l'égard du traitement des données à caractère personnel dit "groupe de l'article 29[10]".

L' Union européenne

La position européenne, qui a toujours privilégié l'approche "protection des libertés", s'est trouvée singulièrement mise en cause, à la suite des attentats du 11 septembre sur le sol américain.

La réaction de nombreuses instances européennes à la découverte du réseau d'écoutes appelé Echelon illustre particulièrement bien la première approche européenne. Ce réseau, géré principalement par les États-Unis, permet aux services d'intercepter et d'analyser les messages ou certains messages transitant par satellites, qu'il s'agisse de communications téléphoniques ou électroniques. Certes, les réactions furent lentes à venir depuis le rapport STOA de 1998[11] et ce en raison de la participation du Royaume-Uni au réseau Echelon, de la présence de bases d'écoutes en Allemagne et en Angleterre et finalement de l'existence d'un réseau français concurrent. Elles devraient cependant aboutir, grâce notamment à l'intervention du groupe européen de protection des données, à une résolution votée par le Parlement européen le 5 septembre 2001 dans la foulée du rapport Schmidt. On y lit notamment parmi les considérants, une

9. Ainsi, on soulignera le rôle joué par l'EPIC (U.S.), le Privacy International (UK) et l'Electronic Frontier Foundation.
10. À cet égard, de manière très nette, la Recommandation 2/99 concernant le respect de la vie privée dans le contexte de l'interception des télécommunications adoptée le 3 mai 1999 (WP 18, 5005 99/final).
11. *Cf.* le rapport "Une évaluation des techniques de contrôle politique", septembre 1998, et plusieurs études, avril et mai 1999, publiées par le STOA (*Scientific and Technological Options Assessment*) du Parlement européen.

condamnation des pratiques d'interception non conformes aux principes de la convention européenne des droits de l'Homme.

La volonté européenne de protéger, en vertu du principe de souveraineté, la vie privée des citoyens européens se heurte cependant à des impératifs de sécurité et en particulier de lutte contre la cybercriminalité. Depuis le traité d'Amsterdam, l'Europe est en effet compétente à prendre des initiatives fondées sur le 3e pilier. Cette nécessité d'un équilibre est affirmée par une communication de la Commission en date du 26 janvier 2001 : "La présente communication s'interroge sur la nécessité d'une initiative en vue de définir une politique globale et étudie les différentes formes qu'elle pourrait prendre, dans le contexte des objectifs plus larges que constituent la société de l'information et la création d'un espace de liberté, de sécurité et de justice, en vue d'améliorer la sécurité des infrastructures de l'information et de lutter contre la criminalité informatique, dans le respect des droits fondamentaux de la personne, conformément à l'engagement pris par l'Union européenne."

Appliquant le principe d'une balance à l'obligation de stockage de certaines données de trafic, la communication distinguait celles traitées par les opérateurs et fournisseurs de services dans le cadre normal de leurs activités de facturation[12] et celles qui obligeraient les opérateurs et les fournisseurs de service à traiter des données aux seules fins d'enquêtes pénales. À l'égard des premiers, la Commission estime que les États membres peuvent adopter des mesures législatives visant à limiter la portée de cette obligation d'effacement des données relatives au trafic lorsqu'une telle limitation constitue une mesure nécessaire, entre autres, pour la prévention, la recherche, la détection et la poursuite d'infractions pénales ou pour l'utilisation non autorisée du système de télécommunications[13].

---

12. Conformément aux directives communautaires sur la protection des données à caractère personnel, et plus précisément au principe général de limitation des transferts à une finalité spécifique énoncé dans la directive 95/46/CE et aux dispositions particulières contenues dans la directive 97/66/CE, les données relatives au trafic doivent être effacées ou rendues anonymes dès que le service de télécommunications a été fourni, sauf lorsqu'elles sont nécessaires à des fins de facturation. Dans le cas d'un accès forfaitaire ou gratuit aux services de télécommunications, les fournisseurs de services ne sont pas autorisés, en principe, à conserver les données relatives au trafic.
13. La Communication précise, se faisant d'ailleurs l'écho des dispositions de l'article 14 de la directive 97/66/CE et de l'article 13 de la directive 95/16/CE : "Cependant toute mesure législative prise à l'échelon national qui prévoirait la conservation des données relatives au trafic pour les besoins de l'application des lois devrait remplir certaines conditions. Les mesures proposées devraient en effet être appropriées, nécessaires et proportionnées au but poursuivi, comme le prévoient le droit communautaire et le droit international, notamment la directive 97/66/CE et la directive 95/46/CE, la Convention de sauvegarde des droits de l'homme et des libertés fondamentales du 4 novembre 1950 et la Convention du Conseil de l'Europe du 28 janvier 1981 pour la protection des personnes à l'égard du traitement automatisé des données à caractère personnel. Le respect de ces conditions et de ces principes serait d'autant plus important pour les mesures qui impliquent la conservation systématique des données sur une large fraction de la population."

Vis-à-vis du second type de données, la Commission énonce que leur enregistrement et leur conservation ne peuvent se justifier que pour des raisons exceptionnelles et pour une durée très limitée.

À cet égard, elle évoque la résolution du Parlement européen qui, dans une matière très particulière, la lutte contre la pornographie enfantine, a admis à titre tout à fait exceptionnel la conservation des données relatives au trafic pendant une durée de trois mois.

Les attentats du 11 septembre et la demande insistante de l'administration américaine d'une meilleure collaboration des États européens à la lutte contre le terrorisme supposent de revoir les mécanismes de protection des données informatiques de manière à assurer une lutte efficace contre les réseaux terroristes opérant notamment via les réseaux modernes de communication[14].

On notera que dans un temps record, "*with all the urgency of a nation at war*", la Maison-Blanche avait fait adopter par le Congrès un certain nombre de textes législatifs pour permettre une lutte efficace contre la terrorisme, en particulier le *Patriot Act*[15], dont certaines dispositions concernent les écoutes téléphoniques[16]. On notera que les dispositions américaines ne prévoient pas d'obligation de stockage des données de trafic pour les prestataires de service de communications au-delà de ceux nécessités par les services offerts par ces derniers[17] ; que la communication de telles données conservées n'est pas imposée mais se fait sur une base volontaire dans le cadre de "*codes of conduct*" élaborés entre ces prestataires et les autorités judiciaires ou de sécurité ; enfin que les obligations de communiquer les données de trafic sont entourées de nombre de garanties procédurales et de sanctions pénales et civiles en cas de non-respect des conditions légales imposées par le texte légal[18] et ne peuvent en aucune manière donner lieu à un accès au contenu des communications[19].

---

14. *Cf.* notamment les articles publiés par les journaux en octobre à la suite des discussions entre le président Bush et le premier ministre belge, la Belgique assumant alors la présidence de l'Union européenne, ainsi, notamment, *la Libre Belgique* du 22 octobre 2001; *Gazet van Antwerpen* du 26 octobre 2001.
15. "*Uniting and Strenghtening America by providing Appropriate Tools Required to Intercept and Obstruct Terrorism*"(USA patriot act), Act of 2001, HR 3162, 1st Session, 107 th Congress, disponible sur le site http://thomas.loc.gov, approuvé par le Sénat le 25 octobre et signé par le président Bush le 26 octobre.
16. À cet égard, on notera les déclarations de Bush après l'adoption de cette loi, lors de la signature présidentielle de la loi : "*This law will give intelligence and law enforcement officials new tools to fight a present danger... to counter a threat like no other our nation has ever faced.*"
17. Sect. 222 : "*Nothing in this Act shall impose any additional technical obligation or requirement on a provider of a wire or electronic communication service or other person to furnish facilities or technical assistance...*"
18. Sect. 223 : "*Civil Liability for certain unauthorized disclosure*".
19. Sect. 212 insérant notamment un § 2703 "*Required disclosure of customer communications or records*" : "*A provider of electronic communications service or remote computing service shall disclose a record or other information pertaining to a subscriber or to a customer of such service (not including the contents of communications covered ...) to a governmental entity.*"

Enfin, sous la pression des *lobbies* des défenseurs des libertés, la loi prévoit une clause de "Sunset"[20], qui limite à quatre ans la durée de vie des dispositions légales.

La discussion entamée dès 2000 de la révision de la directive 97/66 concernant le traitement des données à caractère personnel et la protection des données dans le secteur des télécommunications[21] devait fournir le cadre principal de cette réponse européenne à la demande américaine. Cette proposition de directive était à l'origine intégrée dans un ensemble de propositions visant à réformer la réglementation des télécommunications européennes afin de l'adapter aux développements technologiques et du marché des services des télécommunications. La proposition devenue projet est aujourd'hui l'objet d'une "position commune arrêtée par le Conseil en vue de l'adoption de la directive"[22]. La proposition initiale énonçait le principe suivant lequel les données de trafic et de localisation ne pouvaient être conservées et utilisées, sauf consentement exprès du client dans le cadre de l'offre de services à valeur ajoutée, qu'aux fins de facturation et d'interconnexion. Cette proposition initiale reprenait la solution déjà affirmée par la directive 97/66. Lors des discussions qui ont précédé les événements dramatiques du 11 septembre, le Conseil des ministres des Télécommunications du 27 juin avait déjà été sensible[23] aux demandes venant de certaines autorités policières en acceptant l'ajout d'une phrase au considérant n° 10 du préambule[24] : "Cette directive n'affecte pas le droit des États membres de mener des interceptions légitimes de communications électroniques ou de prendre d'autres mesures telles que d'ordonner la conservation des données de trafic ou de localisation pour une période limitée quand cette conservation est nécessaire et justifiée pour ces raisons et en conformité avec les principes généraux du droit communautaire".

Les suites des attentats provoquèrent des discussions importantes en la matière. Le 20 septembre, la réunion des ministres européens de la Justice et des Affaires intérieures adopte des conclusions qui requièrent que tous les fournisseurs de télécommunications conservent les données et y donnent accès aux autorités policières "à des fins d'enquêtes criminelles"

---

20. Sect. 224 à propos de ces mesures qui assurent selon le sénateur T. Dashle, "*an appropriate balance between protecting civil liberties, privacy and ensuring that law enforcement has the tools to do what it must" : "Negotiators have placed safeguards on the legislation, like a four-year expiration date on the wiretapping and electronic surveillance portion, court permission before snooping into suspects' formerly private educational records and court oversights over the FBI's use of a powerful e-mail wiretap system*". J.J. Holland, *Senate sends Antiterrorism Legislation to Bush*, texte disponible à : http://www.washingtonpost.com /wp-dyn/articles/A51682-2001Oct25.html.
21. JO, L. 24 du 30.1.1998, p. 1.
22. La position commune a été adoptée par le Conseil, le 21 janvier 2002 (Dossier institutionnel 2000/0189 (COD), 15396/01).
23. ... sous la pression des gouvernements français et anglais.
24. La Commission par la voix de son commissaire E. Liikanen avait insisté sur le fait qu'une telle clause ne pouvait avoir que le statut d'un "*Recital*" et ne devait pas être incluse dans le texte de la convention.

et réclame de la Commission européenne la révision de la législation européenne de manière à garantir une contribution aux efforts des autorités en charge de l'application des lois pénales.

Pour répondre à cette demande relayée aussitôt par les autorités policières, la Commission organisa le 27 novembre 2001 un "*hearing*" à Bruxelles sur le cybercrime[25]. Cette réunion fut précédée d'une réunion d'experts le 6 novembre ayant pour objet unique la conservation des données de trafic[26] rassemblant des représentants des autorités de protection des données, des autorités policières et de l'industrie. Il ressort de ces discussions menées à la fois lors de la réunion d'experts et lors de l'audition du 27 novembre :

- du côté de l'industrie, un double point de vue : celui des fournisseurs de services de télécommunication[27] de pouvoir opérer une conservation des données à des fins de sécurité de leurs propres systèmes d'information et des mêmes personnes leur malaise de devoir collaborer "gratuitement" à des demandes d'autorités bien souvent mal libellées ou vagues ; celui des ayants droit des titulaires de droit d'auteur d'utiliser les compétences policières qui pourraient être reconnues pour mieux lutter contre la cybercriminalité que constitue le copiage illicite d'œuvres sur le réseau ;
- celui des autorités de protection des données[28] de s'opposer à la

25. Un premier *hearing* avait été organisé le 7 mars 2001 à propos de sa communication sur le cybercrime de manière à permettre aux représentants de chaque catégorie d'intérêts (opérateurs de réseaux ; fournisseurs de service ; autorités policières ; autorités de protection des données ; association de libertés) de faire valoir leur point de vue.
26. À propos de cette réunion, *cf.* le *discussion paper* préparé par les services de la Commission et disponible sur le site de la Commission à l'adresse : http://europa.eu.int/information_society/topics/telecoms/internet/crime/wpapnov/index.htm.
27. *Cf.* en particulier la position d'AOL : "*AOL retains only data that is necessary either for billing purposes, fraud prevention or security.*" "*AOL cannot cost a potential data retention obligation without understanding fully what would be required from us. However, some costs consideration would be, not only the storing of data but more importantly the cost of keeping the integrity of the data and the costs associated with data retrieval.*" Cf. également la position de l'European Association of Consumers Electronic Manufacturers (EICTA) et de l'EACEM, qui estiment que l'obligation de conservation de données impose des charges financières importantes aux fournisseurs de service et s'opposent à toute conservation obligatoire des données de trafic sauf dans le cas de poursuites relatives à des infractions déterminées : "*Under a data preservation order, service providers store data related to a particular person, rather than store all users' data for potential future investigations. Bescause data preservation requirements are directed at particular person or persons, they do not pose the same privacy concerns as general data retention.*"
28. À ce propos, l'intervention de P. Schaar à la réunion d'experts du 6 novembre 2001 et celle de D. Smith au Hearing du 27 novembre. On se référera en outre aux "opinions" émises par le Groupe de protection des données de l'article 29, en particulier, la dernière (5074 final) adoptée le 5 novembre 2001 à propos de la communication de la Commission : "*Creating a safer information Society by improving the security of information infrastructures and combating computer-related crime*" (disponible à http://europa.eu.int/commm/internal_market/en/dataprot/wpdocs/index.htm), et aux travaux de l'International Working Group on Data Protection in Telecommunications, Common Position on Data Protection aspects, in the Draft Convention of Cybercrime of the Council of Europe, 13-14 sept. 2000, texte disponible à l'adresse : http://www.datenschutz-berlin.de/doc/int/iwgdpt/cv_en.htm.

conservation des données au-delà des strictes nécessités de la facturation et de manière plus générale de définir des mesures procédurales de telle manière qu'elles soient en parfaite conformité avec les droits fondamentaux et les libertés des citoyens et avec les législations de protection des données : ainsi, les commissaires à la protection des données rappellent l'interdiction de toute mesure générale de surveillance et la nécessité de justification concrète pour la rétention de données de trafic spécifiées. Enfin, "la durée de rétention des données et le nombre de données doivent être en proportion avec la gravité de l'infraction criminelle". Enfin, les autorités de protection des données soulignent le caractère très sensible des données de trafic, qui révèlent le comportement d'un individu dans la mesure de la généralisation croissante de l'utilisation des moyens de télécommunications dans la vie courante ;

- celui des autorités policières qui considèrent comme vitale la possibilité pour la police de résoudre des cas grâce à la conservation des données de trafic et de localisation et à la collaboration convenue ou imposée par la loi des fournisseurs de services de télécommunications. Ces autorités soulignent que cette nécessité est absolue pour certains types d'infraction[29] dans la mesure où, sans cette conservation et collaboration, il leur serait impossible de détecter les criminels. Enfin, les autorités policières justifient la longue liste des données de trafic à conserver et les durées de conservation (entre six mois et deux ans).

Les autorités européennes devaient tirer les conclusions de ces débats en modifiant légèrement le texte de la proposition de directive. Ainsi, la position commune à laquelle nous avons déjà fait référence élargit les finalités légitimes pour lesquelles les fournisseurs de réseaux ou de services de télécommunications peuvent traiter les données de trafic ou de localisation. L'article 6.5 ajoute au texte initial la finalité de détection des fraudes et le traitement en vue de la commercialisation de services à valeur ajoutée n'est plus soumis au consentement de la personne concernée. Surtout, l'article 15 autorise les États membres à "adopter des mesures législatives visant à limiter les droits et obligations prévus aux articles 5 et 6, à l'article 8, paragraphes 1, 2, 3 et 4, et à l'article 9 de la présente directive lorsqu'une telle limitation constitue une mesure nécessaire pour sauvegarder la sécurité nationale –c'est-à-dire la sûreté de l'État– la défense et la sécurité publique, ou assurer la prévention, la recherche, la détection et la poursuite d'infractions pénales ou d'utilisations non autorisées du système de communications électroniques, comme le prévoit l'article 13, paragraphe 1, de la directive 95/46/CE". À cette fin, ajoute le texte, "les États membres peuvent, entre autres, prévoir la conservation de données pendant une durée limitée lorsque cela est justifié par un des motifs énoncés dans le présent paragraphe, dans le respect des principes généraux du droit communautaire"[30].

---

29. *Cf.* en particulier l'audition de l'autorité policière norvégienne qui relève en particulier les infractions suivantes : "*breaking into computer systems ; theft of trade secrets ; sabotage of critical IT systems ; abuse of telephone systems ; fraud ;threats of life and health ; blackmail ; harassement and defamation...*"

30. Le considérant n° 11 note que "lesdites mesures doivent être appropriées, rigoureusement proportionnées au but poursuivi et nécessaires dans une société démocratique".

Le texte ainsi revu laisse chaque État libre de procéder comme il le souhaite. En ce sens, il ne répond pas aux objections des fournisseurs de services, inquiets des différences d'interprétation que pourrait donner chaque État membre à une disposition aussi floue quant à la durée de conservation, quant aux données à conserver et quant aux modalités de cette conservation ; elle heurte les principes de protection des données tels que les autorités de protection des données les avaient interprétés ; enfin, tout en leur donnant raison sur le principe de la conservation des données, elle renvoie les juges et policiers à leurs gouvernements nationaux pour obtenir une légalisation nationale de l'obligation de conservation et de collaboration des fournisseurs d'infrastructure et de services. On note que dès le 31 octobre, le législateur français devait, dans le cadre de la loi sur la sécurité quotidienne[31], traduire cette compétence laissée aux législateurs nationaux en des textes sur la teneur desquels nous reviendrons dans l'analyse critique.

Analyse critique – Pistes pour le suivi de l'obligation légale de conservation des données et de collaboration des fournisseurs de services de télécommunications.

Les compléments du paragraphe 2 de l'article 109 *ter* E apportés par la loi sur la criminalité informatique apparaissent donc comme une transcription anticipée d'une directive en voie d'approbation. Notre souci est dans ce dernier point de proposer quelques réflexions qui puissent servir de guide à la réglementation qui donnera à la loi sa pleine efficacité en même temps que nous reviendrons sur les choix opérés par nos législateurs.

Notre première réflexion est liminaire. Elle souligne l'importance des données dont il est question lorsqu'on parle des données de localisation ou de trafic. La notion de données de trafic est définie par le législateur européen comme "toutes les données traitées en vue de l'acheminement d'une communication par un réseau de communications électroniques ou de sa facturation", et celle de "données de localisation" comme "toutes les données traitées dans un réseau de communications électroniques indiquant la position géographique de l'équipement terminal d'un utilisateur d'un service de communications électroniques accessible au public". De telles données sont infinies : elles comprennent, outre les données de simple connexion, leur durée, les destinataires de nos messages, les sites visités, la longueur des messages échangés, les caractéristiques du message et du système d'information de l'utilisateur ; les données de localisation révèlent à quelques mètres près l'endroit où se trouve un mobilophone ou un GPS même non en cours d'utilisation. C'est que l'utilisation de plus en plus intensive des technologies de l'information et la multiplication de services à valeur ajoutée qui leur sont attachés trahissent

31. Loi n° 2001-1062 du 15 novembre 2001 relative à la sécurité quotidienne, JO du 16 novembre 2001.

les relations que nous nouons avec autrui ; de nos déplacements, de nos goûts, nos convictions voire nos maladies, elles laissent en effet chez des intervenants de plus en plus nombreux et divers, de plus en plus de traces en des lieux certes disparates mais susceptibles d'être reliés grâce aux vertus des réseaux et de systèmes de plus en plus performants de traitement de l'information.

Bref, la possibilité d'avoir accès à ces multiples fichiers et de pouvoir en croiser les données crée des possibilités bien tentantes pour l'autorité policière ou judiciaire. Au-delà, on s'interroge sur la possibilité de maintenir une distinction entre les données de trafic et celles de contenu. Cette distinction parfaitement claire lorsqu'il s'agissait des données relatives aux communications téléphoniques traditionnelles où les données relatives aux correspondants d'une communication et à leur localisation dans le temps et la durée, s'efface en effet lorsque, dans les réseaux modernes, la donnée dite de trafic révèle le contenu même de la communication, ainsi l'accès à une page Web voire à un site Web révèle le contenu de la communication.

Faut-il introduire dès lors des limites à ce stockage, des modalités particulières à cette opération et aux possibilités d'accès des autorités chargées de la poursuite des infractions ? On rappellera à cet égard, l'arrêt fondamental de la Cour européenne des droits de l'Homme, dit arrêt Klass du 6 septembre 1978, où la Cour reconnaît le pouvoir discrétionnaire des États quant au choix des systèmes de surveillance auxquels ils peuvent avoir recours, mais souligne que ce pouvoir discrétionnaire ne signifie pas un pouvoir arbitraire : "Consciente du danger inhérent à pareille loi de saper voire de détruire la démocratie au motif de la défendre, la Cour affirme qu'ils ne sauraient prendre, au nom de la lutte contre l'espionnage et le terrorisme, n'importe quelle mesure jugée par eux appropriée..." La principale question qui se pose en l'occurrence sur le terrain de l'article 8 consiste à savoir si les termes du paragraphe 2 suffisent à justifier l'ingérence ainsi constatée. Ménageant une exception à un droit garanti par la Convention, ce paragraphe appelle une interprétation étroite. Caractéristique de l'État policier, le pouvoir de surveiller en secret les citoyens n'est tolérable d'après la Convention que dans la mesure strictement nécessaire "à la sauvegarde des institutions démocratiques".

Le Groupe de protection des personnes à l'égard du traitement des données à caractère personnel, dans sa recommandation 2/99 concernant le respect de la vie privée dans le contexte de l'interception des télécommunications[32], avait résumé les garanties à respecter découlant de la jurisprudence du Conseil de l'Europe en la matière[33]. "Il importe que le droit national, par des dispositions accessibles à tout citoyen, précise de

32. Recommandation adoptée le 3 mai 1999 (Doc. 5005/99/final, WP 18, déjà cité). Pour rappel, cette recommandation avait été émise dans le cadre des réactions européennes à la découverte du réseau Echelon (*Cf. supra*).

33. Sur cette jurisprudence, lire le remarquable article de YERNAULT D., "Echelon et l'Europe - La protection de la vie privée face à l'espionnage des télécommunications", *JTDE*, 2000, 190 et s.

façon rigoureuse et dans le respect de toutes les dispositions susmentionnées :

- les autorités habilitées à permettre l'interception légale des télécommunications, les services habilités à procéder aux interceptions et la base légale de leur intervention ;
- les finalités selon lesquelles de telles interceptions peuvent avoir lieu, qui permettent d'apprécier leur proportionnalité par rapport aux intérêts nationaux en jeu ;
- l'interdiction de toute surveillance exploratoire ou générale des télécommunications sur une grande échelle ;
- les circonstances et les conditions précises (par exemple éléments de fait justifiant la mesure, durée de la mesure) auxquelles sont soumises les interceptions, dans le respect du principe de spécificité dont relève toute ingérence dans la vie privée d'autrui ;
- le respect de ce principe de spécificité, corollaire de l'interdiction de toute surveillance exploratoire ou générale, implique en ce qui concerne plus précisément les données de trafic que les autorités ne peuvent avoir accès à ces données qu'au cas par cas, et non de façon générale et proactive ;
- les mesures de sécurité en ce qui concerne le traitement et le stockage des données, et leur durée de conservation ;
- en ce qui concerne les personnes impliquées de façon indirecte ou aléatoire dans les écoutes[34], les garanties particulières apportées au traitement de données à caractère personnel : notamment, les critères justifiant la conservation des données et les conditions de la communication à des tiers ;
- l'information de la personne surveillée, dès que possible ;
- les types de recours que peut exercer la personne surveillée ;
- les modalités de surveillance de ces services par une autorité de contrôle indépendante ;
- la publicité –par exemple sous forme de rapports statistiques réguliers[35]– de la politique d'interception des télécommunications effectivement pratiquée ;
- les conditions précises auxquelles les données peuvent être communiquées à des tiers dans le cadre d'accords bi ou multilatéraux.[36]

L'application de ces principes à des mesures qui vont au-delà de la simple interception de communications électroniques pour s'étendre à l'analyse de données de communications antérieures appelle nombre de commentaires. Le prescrit belge réclame de tous les fournisseurs et opérateurs de services de communication électronique le stockage de certaines données de communication sans différencier les personnes concernées. Il est difficile, au vu de tels prescrits, de ne pas parler de

34. … ainsi la personne en lien avec la personne surveillée et sa localisation dans le cas d'un contact par téléphone mobile.
35. Il s'agit d'une exigence rappelée par le groupe dit de Berlin (Groupe international de travail sur la protection des données dans le secteur des télécommunications) adoptée lors de la réunion de Hong Kong le 15 avril 1998, recommandation sur la "*public accountability in relation to interception of private communications*".
36. En particulier dans les réseaux européens de coopération policière et judiciaire comme Europol et Infopol voire, comme souhaité par les États-Unis, vers les autorités de défense américaines.

surveillance générale. Il y a lieu de craindre, comme le notait le député européen M. Cappato, rapporteur au Parlement dans le débat qui nous occupe, que le surveillé, l'"ennemi", ne devienne "le simple citoyen qui surfe sur le Net ou qui passe un coup de téléphone". Cette remarque critique sur la légitimité d'une telle mesure en induit d'autres. Une première consiste à distinguer les traitements, selon leur finalité originaire ; la deuxième s'interroge sur la proportionnalité des mesures prises vis-à-vis des risques censés justifier de telles mesures et la troisième s'interroge sur les risques créés par les traitements induits par le prescrit en cause.

Deux types de traitements

Le caractère général du prescrit belge ne distingue pas, à l'inverse de la loi française, les données collectées et conservées légitimement par les opérateurs et fournisseurs de service de communication dans le cadre de leurs propres activités, d'autres données dont la conservation n'est pas a priori requise dans le cadre de leurs activités. Le projet de directive européenne, nous l'avons vu, en dehors du consentement de la personne concernée, légitime la conservation des données pour deux finalités : celle de la facturation et de son paiement et celle de la sécurité du système d'information ou du réseau de cet opérateur et du fournisseur (repérage de tentatives de hacking, de sabotage, d'envoi de virus, etc.)[37].

Pour les données conservées et traitées dans le cadre de ces finalités, la communication de telles données aux autorités policières représente un traitement ultérieur au sens des législations de protection des données dont la compatibilité s'apprécie en fonction des principes suivants.

En ce qui concerne les données pour lesquelles aucune finalité légitime de conservation n'existe chez l'opérateur ou le fournisseur, la seule finalité légitime réside dans la poursuite d'infractions. En d'autres termes, dans ce second cas, c'est directement l'autorité publique qui est responsable du traitement qu'il confie à l'opérateur ou au fournisseur lui-même voire à un service autre, qui serait chargé de collecter les données provenant des différents opérateurs et fournisseurs. Ces fournisseurs, opérateurs ou services ne sont alors que des sous-traitants et l'article 16 de la directive qui soumet ces sous-traitants (et engagement de non-utilisation des données en dehors de la mission confiée) s'applique.

Dans ce cas, la légitimité de conservation ne peut se fonder que sur les fins d'investigation policière.

Nous sommes des États de droit et la Convention à laquelle nous adhérons impose que ceux qui réclament la conservation des données en

37. On rappelle que la première proposition de directive ne mentionnait pas cette finalité, introduite par la suite à la demande des opérateurs. On peut s'inquiéter du caractère vague de cette finalité nouvelle de conservation des données même s'il va de soi que les principes de l'article 6 de la directive dite générale de protection des données s'appliquent et obligent dès lors le fournisseur ou l'opérateur de services de communications à ne procéder à des traitements loyaux que pour des finalités déterminées et compatibles, qu'à propos de données pertinentes et adéquates par rapport à ces finalités et finalement que pour la durée strictement nécessaire.

démontrent l'intérêt social impérieux par rapport aux droits et libertés ainsi diminuées. Où sont de telles justifications ? Les autorités policières apparaissent bien muettes lorsque, interrogées à une réunion d'experts convoqués encore récemment par la Commission européenne pour préparer ce forum, elles s'avéraient incapables de présenter autre chose que des opinions, des faits divers là où des études statistiques, sociales et psychologiques auraient pu démontrer qu'effectivement la préparation active de crimes graves passe par l'utilisation de moyens de communication et qu'effectivement le travail d'investigation exige l'accès rapide aux données d'une telle utilisation. La confrontation avec les fournisseurs de services a, au contraire, révélé l'imprécision des demandes, leur tâtonnement et la rareté de l'efficacité de telles démarches.

Légitimité des traitements d'investigation policière

La légitimité des données repose sur un examen de proportionnalité : le risque d'atteinte à la sécurité de l'État, à la protection des individus justifie-t-il un traçage "tous azimuts" et ce moyen proposé est-il nécessaire à l'obtention de telles fins ?

À cet égard, la gravité du crime est évoquée pour justifier de telles atteintes. On s'interroge. Y a-t-il un lien fort et nécessaire entre le moyen mis à disposition de l'autorité policière et la découverte des délinquants ?[38] Non, en revanche, on y verra le moyen aisé du traçage d'autres délits bien plus mineurs et directement liés à l'utilisation des technologies de communication, ainsi la violation de droits d'auteur à propos d'œuvres présentes sur le Net, les tentatives de *hacking*, la fraude fiscale, etc. Mais que penser alors d'un discours qui agite le spectre terroriste pour en réalité atteindre une autre cible, celle des délits économiques, dont la recherche des auteurs n'apparaît pas justifier le recours aux moyens extraordinaires prévus. Ne faut-il pas en toute hypothèse –et la résolution du Parlement européen déjà évoquée en matière de lutte contre la pornographie enfantine y faisait déjà allusion– réserver à quelques infractions majeures le moyen évoqué ?

Les règles de proportionnalité, de nécessité, de prévisibilité et de légalité des mesures qui restreignent nos droits et libertés fondamentaux conduisent en toute hypothèse à exiger que la loi précise les limites strictes de la durée de conservation, qu'elle définisse les données d'identification concernées (les seules données de connexion de l'utilisateur et du moment de la "transaction" ne suffisent-elles pas ?[39]) et circonscrive à quelques prestataires de services obligés : ceux qui fournissent l'accès aux réseaux, le devoir de conservation. Il faudrait en particulier distinguer les mesures

38. Poussons le raisonnement à l'absurde. Tira-t-on du fait que les complices de Ben Laden –pour autant que celui-ci soit coupable– disposaient apparemment pour opérer l'attentat de lames de rasoir, la conséquence de la nécessité du fichage de tout individu achetant de telles lames ?

39. Il s'agit d'"exclure, dans la rédaction du décret, les données de communication pouvant être considérées comme des données indirectes de contenu ou de comportement". Certaines données techniques peuvent en effet fournir des éléments

policières ordonnées à propos de données qui sont déjà conservées par les opérateurs de télécoms et celles concernant les autres qui ne seraient conservées qu'à des fins policières.

Il est demandé donc au législateur d'agir ici comme ailleurs avec des "mains tremblantes" d'autant plus que les conséquences du prescrit en question engendrent des risques qu'on énumère ci-après.

Les risques de tels traitements

Le premier risque est celui de la dérive réglementaire : même avec les limites rappelées ci-dessus et clairement affirmées au départ, on craindra que la loi à peine votée ne voit progressivement son champ élargi et les garanties jugées trop "lourdes" abandonnées dans l'intérêt de l'efficacité. Depuis la première loi belge sur les repérages de communications, cinq autres lois ont suivi, élargissant chaque fois un peu les atteintes des autorités policières aux secrets des communications. Ainsi, dira-t-on demain, puisque de tels réservoirs de données existent, ne peut-on y recourir plus largement[40]. Cette tendance, une fois introduite une exception, à y en ajouter d'autres inquiète. Comment, sur ce point, ne pas louer la sagesse américaine du "*Patriot Act*" qui limite à l'horizon de quatre ans, les mesures exceptionnelles attentatoires aux libertés qui y sont contenues et d'ajouter que, parmi ces mesures, celle d'obliger à la conservation des données n'y est même pas reprise.

Parmi les premières réactions négatives à ces mesures les avocats ont souligné le danger que représentaient pour eux les atteintes ainsi facilitées au secret professionnel. L'autorité policière aura en effet quelques difficultés à démêler a priori parmi toutes les communications dont elle ordonnera le relevé, celles couvertes par le secret et les autres.

Ensuite, on rappellera que le renforcement de la cybersurveillance exige son contrôle par une autorité indépendante. Est-on sûr que le contrôle des investigations menées sur le terrain par des équipes policières bien entraînées sera effectif, que les autorités judiciaires ou spécifiques de

---

sur le contenu des informations transmises (par exemple, l'URL des sites visités, l'adresse IP du serveur consulté ou l'intitulé d'un courrier électronique), ou sur le comportement des internautes (adresse du destinataire d'un courrier électronique par exemple). Le Forum considère que ce type de données ne doit pas être mentionné dans le décret en préparation. En revanche, il considère que "l'adresse IP de l'utilisateur relève bien des données nécessaires à l'établissement de la communication et n'indique rien quant au contenu des informations consultées ou au comportement de l'internaute". Forum des droits sur l'Internet, Recommandations aux pouvoirs publics : conservation des données relatives à une communication électronique, 18 décembre 2001 disponible à http://www.foruminternet.org/recommandations/lire.phtml?id=230.

40. Ainsi, le débat en cours en France à propos de l'intérêt porté par l'administration fiscale aux données de connexion. Le Sénat a adopté le 18 décembre, dans le cadre du projet de loi de finances rectificative 2001, des amendements donnant accès pour les agents des douanes et les enquêteurs de la Commission des opérations de bourse (COB) aux données conservées par les fournisseurs d'accès et les opérateurs télécommunications au titre de la LSQ. Il en profite cependant pour proposer un nouvel amendement qui étend ce droit d'accès aux agents de l'administration fiscale.

contrôle pourront toujours saisir la portée des utilisations faites des moyens nouveaux d'investigation ? En outre, la circulation d'informations au sein des réseaux de collaboration internationaux ou européen n'exige-t-elle pas un renforcement des contrôles démocratiques ou juridictionnels d'Europol, d'Interpol, du futur "Eurojust" ou d'Enfopol ?

D'autres risques de dérive étaient déjà soulignés par la Commission belge de protection de la vie privée[41] lors du débat ayant mené au vote de la loi sur la criminalité informatique. La simple existence de tels fichiers crée en toute hypothèse des risques de dérive : les prestataires contraints à un tel stockage peuvent être tentés de rentabiliser leurs prestations à d'autres fins. Au-delà de la sécurisation de leurs propres services ou réseaux, on songe au profilage des utilisateurs à des fins propres ou de commercialisation. Certes on pourrait songer à confier la gestion de tels fichiers à des tiers spécialisés en conservation, *a fortiori* aux autorités policières, mais c'est substituer au risque décrit celui plus grand encore de fichiers mammouths où toutes les interconnexions deviennent possibles.

Si la Cour européenne des droits de l'Homme considère que le seul stockage de données à des fins policières est déjà une atteinte à nos libertés (Rotaru, Ammann...), les conséquences des traitements induits par les législations évoquées ci-dessus appellent des précautions bien plus importantes encore. En effet, on peut craindre que les forces de police ne puisent dans ces vastes réservoirs de données les premiers éléments de leurs enquêtes et ce, avant même toute autre investigation (repérage des personnes à proximité du lieu de commission de l'infraction, liste des correspondants, dernier appel entrant ou sortant...). Pis, elles peuvent être tentées d'y trouver les moyens d'une surveillance exploratoire de groupes dits "à risque", ceux qui furètent sur tel ou tel site, ceux qui se connectent au réseau à partir de tel ou tel endroit, jugé chaud, les présumés "terroristes" ou "*hackers*", etc.

Ainsi, il est absolument requis "d'interdire toute mise en place par les services de sécurité d'un accès général aux informations sauvegardées : l'interrogation des données conservées doit se faire dans le cadre d'une procédure précise, sur une base de requêtes au cas par cas. Il ne saurait être possible d'instaurer un accès permanent à ces données permettant la mise en place de traitements automatisés pouvant s'apparenter à une surveillance générale des réseaux. La conservation physique de ces données devra donc relever de la seule responsabilité des entreprises visées, qui devront en limiter strictement l'accès"[42].

41. Avis de la Commission belge de protection de la vie privée, déjà cité.

42. Forum des droits sur l'Internet, recommandations aux pouvoirs publics : conservation des données relatives à une communication électronique, 18. Décembre 2001, disponible à http://www.foruminternet.org/recommandations/lire.phtml?id=230. Sans doute, est-il à recommander également que la conservation tant par les fournisseurs et opérateurs que par les autorités policières s'opèrent avec des "logiciels libres" pour éviter que des manipulations puissent avoir lieu de manière non détectable par les autorités de contrôle.

Conclusions[43]

La lutte contre la cybercriminalité est affirmée comme une priorité sans laquelle nos sociétés ne pourraient survivre. Au nom de la sécurité, forts de l'opinion publique relayée et amplifiée par les médias, les pouvoirs politiques préparent dans la hâte, tant au niveau national qu'européen, des législations accroissant les pouvoirs des autorités judiciaires et policières afin de mener une lutte efficace contre la cyber-criminalité et le terrorisme. Osera-t-on leur rappeler que les bandes de Ben Laden, à supposer qu'elles soient coupables des événements du 11 septembre, ne semblent point avoir eu besoin des vertus d'Internet pour commettre leur crime et qu'Echelon n'a pas permis de déjouer leurs plans ?

Que disent ces législations écrites à la diable ? Elles obligent les divers fournisseurs de services de communications électroniques privées ou publiques –et ils sont nombreux– à conserver pendant un délai que d'aucuns estiment d'un an (notre législation belge fixe ce délai comme minimal !) les données qui résultent de notre utilisation de ces services et ce indépendamment d'une utilisation pour la fourniture de service de télécommunications. On génère des données sur toute la population pour les fins préventives de lutte contre la criminalité et ce sans soupçon concret.

Sans doute, objectera-t-on aux défenseurs des libertés que la liberté prônée est un luxe, alors même que certaines vies sont en danger. On ajoutera que l'homme honnête n'a rien à craindre de cette surveillance mieux assurée qui débusque les méchants et n'effraie pas le gentil. Certains iront jusqu'à évoquer le mérite de cette surveillance qui force à adopter un comportement toujours plus conforme aux normes sociales.

À ceux-là, qu'il me soit permis de répondre. Il n'est selon moi pire danger que cette cybersurveillance qui traque l'homme dans son intimité et crée chez lui la hantise perpétuelle du dévoilement. "Par un renversement pervers, cette prééminence obsessionnelle du regard de l'autorité se fait au nom même de ce qu'elle détruit. Les valeurs derrière lesquelles elle s'abrite sont de haut vol : justice, liberté, démocratie, respect des lois, civisme, intégrité. Mais qui ne voit que derrière cette vision, décapante parfois à force d'user les cibles sur lesquelles elle porte, lime jusqu'à l'os certains principes qui fondent le vouloir vivre ensemble ? Quand la proportionnalité n'est plus respectée entre les moyens que se donne l'investigation et les buts recherchés, la sacralisation de l'investigation et du dévoilement assoit comme légitimité unique le moyen et non plus la cause".

De plus, de telles mesures qui créent artificiellement un sentiment de sécurité évitent que ceux qui les prennent s'interrogent sur le pourquoi du crime et les instruments de politique criminelle qui permettent de faire face à cette montée de violence. Tout passe par la criminalisation et la

43. Nos conclusions reprennent certains passages de l'exposé de l'auteur lors de l'audition organisée par la Commission européenne à Bruxelles le 27 novembre 2001, audition relative à la lutte contre la cybercriminalité. L'intervention a été publiée *in extenso* sous le titre "Sécurité ou Libertés ?", Ubiquité, *Revue de droit des technologies de l'information*, Larcier, Bruxelles, 2002, p. 3 et s.

défense de la société sans interrogation supplémentaire. Or, on le sait, la criminalité finit toujours par se déplacer ou devenir plus violente si on ne s'attaque pas réellement à ses causes.

■

Bibliographie

Communication de la Commission au Conseil, au Parlement européen, au Comité économique et social et au Comité des Régions : "Créer une société de l'information plus sûre en renforçant la sécurité des infrastructures de l'information et en luttant contre la cybercriminalité", Bruxelles, COM(2000)890 final.

COSTES L., "La convention du Conseil de l'Europe du 8 novembre 2001 : premier traité international contre la *cybercriminalité*", Lamy, *Cahiers droit de l'informatique*, n° 142, décembre 2001.

DE SCHUTTER B. et POULLET Y. (rapporteurs), avis n° 33/99 du 13 décembre 1999 relatif aux projets de loi relatifs à la criminalité informatique, avis disponible sur le site de la Commission belge de protection de la vie privée : http://www.privacy.fgov.be, et publié dans les documents parlementaires de la Chambre des représentants (Doc. Parl. Chambre, 0213/004). On notera que cet avis a été pris à l'initiative de la Commission, celle-ci n'ayant pas été consultée par le Gouvernement. *Cf.* également, l'avis très critique du Conseil d'État, publié in Doc.Parl. 213/002).

DE VILLENFAGNE Fl. et DUSOLLIER S., *La Belgique sort enfin ses armes contre la cybercriminalité*, Auteurs et Médias, 2001, p. 77 et s. ;

DINANT J.-M., rapport rédigé pour le projet européen ECLIP, disponible à http://www.droit.fundp.ac.be/textes/privacy_law_tech_convergence.rtf.

FRAPPAT B., "La dictature de la transparence", *Études*, 1999, p. 58.

GNING E.M., "Le projet de convention sur la criminalité dans le cybersespace", *Lex Electronica*, vol. 6, n° 2, 2001, disponible à http://www.lex-electronica.org/articles/v6-2/gning.htm.

HAVELANGE B. et POULLET Y., "Secret d'État et vie privée ou comment concilier l'inconciliable ?", Colloque international du 20 janvier 1999 organisé par le Comité R., in Droit des technologies de l'information et de la communication, *Cahier du Crid*, n° 16, BRUYLANT, 1999.

MEUNIER C., "La loi du 28 novembre 2000 relative à la criminalité informatique", *Actualités du droit des technologies de l'information et de la communication*, CUP, vol. 45, février 2001.

OST F., "Le concept de "démocratie" dans la jurisprudence de la Cour européenne des droits de l'Homme", *Journal des Procès*, n° 124, 1998.

POULLET Y., DINANT J.-M., "Le réseau Echelon, existe-t-il ? Que peut-il faire ? Peut-on et doit-on s'en protéger ?", Rapport d'expertise rédigé à l'attention du Comité permanent de contrôle des services de renseignements, mai 2000, disponible à http://www.crid.ac.be/.

POULLET Y., LOUVEAUX S. et PEREZ-ASINARI M.-V., "Data Protection and privacy in Global Networks : An European Approach", *EDI Law Review*, 2001.

POULLET Y., "À propos du projet de loi dit n° 214 : la lutte contre la cybercriminalité dans le cyberespace à l'épreuve du principe de la régularité des preuves", in *Liber amicorum*, DU JARDIN J., VUYE H. et POULLET Y., éd., Kluwer, 2001.

VAN EECKE P., *Criminaliteit in Cyberspace*, Mijs en Breesch, Gent, 1997.

VAN EECKE P., "Het voorontwerp van wet inzake informaticacriminaliteit", in *Recente ontwikkelingen in informatica en telecommunicatie recht*, ICRI, Die Keure, Brugge, 1999.

YERNAULT D., "De la fiction à la réalité : le programme d'espionnage électronique global "Echelon" et la responsabilité internationale des États au regard de la convention européenne des droits de l'Homme", *Revue belge de droit international*, 2000.

Jacques Vétois

Conflits autour de la réglementation

Dans le domaine de la protection des données personnelles, notre société devient schizophrène. Elle garantit, au moins formellement, pour chaque citoyen la liberté de s'exprimer et de communiquer, en particulier sur les réseaux électroniques et le respect, dans le cadre de la loi, de sa vie privée. Chacun veut surfer en toute liberté sur le Net, envoyer des e-mails à qui bon lui semble et souhaite rarement la transparence complète sur sa vie personnelle et ses affaires. Mais il veut également accéder à toute l'information en ligne, remplir les dossiers administratifs en quelques clics, ce qui évidemment sous-entend que les informations indispensables à la connaissance de sa situation personnelle dispersées entre diverses administrations soient interconnectées, et profiter des avantages de l'achat en ligne auprès de sociétés qui lui font des offres en fonction de son profil, donc des informations qu'elles possèdent sur lui.

L'homme politique, devant la complexité de la législation et de la "paperasserie administrative" prêche pour l'administration électronique, le guichet unique et veut connaître les demandes de la société pour y répondre plus efficacement, d'où la multiplication des fichiers "sociaux" et l'accumulation de données sur les personnes en difficulté. De même, devant la montée de l'insécurité et l'inefficacité des forces de police, la solution de facilité est de ficher tout suspect, tout comportement "déviant" et de généraliser l'accès à ces informations à tous les policiers assermentés. C'est également la tentation de la surveillance du courrier électronique, l'enregistrement des internautes accédant à certains sites, la chasse aux "pirates" et aux "hackers". Les entreprises ne sont pas en reste. Elles veulent dresser des profils de leurs clients, les fidéliser par des offres personnalisées, et agrandir leur terrain de prospection en achetant et en échangeant des fichiers avec des officines spécialisées dans ce travail.

Une tendance lourde traverse donc toute la société et le citoyen, bien que méfiant au départ, est en partie consentant car, quelque part, il espère bénéficier des retombées de ce quadrillage "virtuel". Une régulation s'impose sinon, un jour prochain, nous serons suivis en permanence grâce à un implant enfoui au plus profond de notre corps comme dans *Minority Report*, le film de Steven Spielberg.

Pour Godefroy Beauvallet, Patrice Flichy et Maurice Ronai, "en fait, l'histoire de la protection de la vie privée face à l'information est celle d'une confrontation et d'une hybridation entre plusieurs modes : régulation par le droit (modèle politique), autorégulation par les acteurs et plus largement par le marché, régulation par la technique". Ne croyant guère à l'efficacité de la loi dans ce domaine et rejetant celle du marché comme trop favorable aux grandes entreprises, ils préconisent l'incorporation des règles de protection de la vie privée dans le logiciel sous forme de modules ouverts et *open source*.

Ce point de vue n'est pas partagé par d'autres auteurs qui restent fidèles à une démarche plus contraignante s'appuyant sur la loi, fondement de l'État de droit. En France, la loi Informatique et Libertés de 1978 est la base de la législation dans ce domaine. Sa remise en chantier s'avérait nécessaire pour l'adapter à la fois à la directive européenne de 1995 et à l'évolution des technologies. Jacques Vétois essaie de dégager les principes qui doivent être sauvegardés dans cette réécriture pour maintenir le niveau de protection qu'offre la loi de 1978.

Meryem Marzouki revient sur les débats qui ont traversé le Parlement européen lors du vote de la directive de 2002 sur la vie privée et les communications électroniques. On a en effet assisté au revirement du Parlement européen sous l'influence du Conseil des ministres à propos du régime des utilisations commerciales des données et de la possibilité par les États membres d'instaurer une surveillance généralisée des communications par la conservation de toutes les données du trafic. Cet exemple montre, s'il le fallait encore, que les choix politiques doivent être faits publiquement et non pas rester confinés à un cercle de spécialistes discutant du paramétrage d'un logiciel. Le débat au sein des assemblées délibératives n'est sans doute pas la panacée mais il éclaire les enjeux réels de celui-ci.

Les États-Unis ont une autre vision de la protection des données, donnant la priorité à l'autorégulation (à l'image de la trop fameuse Netiquette) par le biais de chartres ou de codes de bonne conduite que les entreprises s'engagent à respecter. Jean Gonié détaille en particulier le protocole "*safe harbour*" négocié entre les

États-Unis et l'Europe et note que s'il prend en compte les préoccupations européennes sur la protection des données personnelles, il n'a pas en fait de portée obligatoire et que seules deux cents entreprises y ont adhéré.

David Forest souligne de son côté que le développement du *spamming* (courrier électronique non sollicité) déborde les moyens de réponse traditionnels : autorégulation par la Netiquette, filtres logiciel, mesures de rétorsion contre les serveurs "indélicats"... Il estime que "si l'autorégulation se montre d'un précieux secours en l'absence de disposition et de contrainte légale, comme le montre le traitement des affaires de *spamming* devant les tribunaux français, elle ne doit pas servir de palliatif ou de prétexte à un dessaisissement programmé de l'État de droit".

DELIS[1], abordant les enjeux du dossier médical informatisé, redéfinit les principes garantissant la confidentialité des données personnelles de santé et conclut : "La primauté doit être donnée à la médiation humaine dont seuls le patient et les professionnels concernés seront les acteurs... Les seules potentialités de la technique ne doivent pas remettre en question le droit au respect à la vie privée."

■

1. Droits et libertés face à l'informatisation de la société.

Loi Informatique et Libertés et protection des données personnelles

Jacques Vétois

La précédente Assemblée a fini par transposer en première lecture la directive européenne du 24 octobre 1995 "relative à la protection des données personnelles et à la libre circulation de ces données"[1]. Mais, évidemment, le processus législatif a été interrompu par les élections de 2002. On peut déjà s'étonner qu'il ait fallu près de sept années pour amorcer le travail du législateur : désintérêt vis-à-vis des initiatives européennes ou difficultés à trouver un accord au sein des administrations concernées ? Peut-être les deux. Il est vrai que la France possédait déjà, avec la loi Informatique et Libertés de 1978, un texte de référence sur la question et la réflexion menée pendant une vingtaine d'années par la Commission nationale informatique et libertés (CNIL), organisme relativement indépendant du pouvoir politique et de l'administration étatique. Suivant au moins formellement les recommandations du rapport Braibant[2], la démarche du législateur s'est orientée vers une "modification de la loi de 1978, qui a un caractère historique et symbolique et dont une bonne moitié peut-être conservée en l'état, plutôt que l'élaboration d'une loi entièrement nouvelle". Sur le fond, dans le projet de loi, il ne reste pas grand-chose de la loi de 1978 hormis l'article 1er, qui est repris intégralement. Les nouveaux articles sont indexés par les numéros de l'ancienne loi, ce qui ne facilite pas l'étude comparée des deux textes. Si on ajoute à cela la multiplication des renvois à d'autres dispositions du même texte[3], on aboutit à un texte proprement illisible sauf à en disposer d'une version en mode "hypertexte".

La nécessaire révision de la loi de 1978

Indépendamment de la directive européenne de 1995, l'évolution des technologies depuis 1978 plaidait pour une révision de la loi Informatiques et Libertés. En effet, celle-ci encadrait principalement les traitements automatisés d'informations nominatives mis en œuvre par les services publics, dont certains projets d'interconnexion avaient soulevé un tollé dans l'opinion[4] et entraîné la discussion, puis le vote de la loi. Or, s'il est

1. Le texte est disponible sur le site Web de la CNIL à l'URL : http://www.cnil.fr.
2. Disponible également sur le site de la CNIL.
3. 239 renvois relevés par DROUARD E., *Expertises*, octobre 2001.
4. BOUCHER P., "Safari ou la chasse aux Français", *Le Monde*, 21 mars 1974.

évident que ces risques sont loin d'avoir disparu –citons en vrac parmi les plus récents le STIC, fichier utilisé par les services de police, les projets d'informatisation dans le secteur de l'action sociale (ANIS, ANAISS), l'interconnexion des fichiers fiscaux et sociaux– il est non moins évident que nombre d'entreprises mettent en œuvre des fichiers de données à caractère personnel dans le cadre de la gestion de leur personnel, de l'accès à certains locaux ou plus généralement dans leur activité commerciale et marketing. Ces données deviennent elles-même des marchandises. Après traitement, croisement et rapprochement, elles font l'objet de transactions fort lucratives par des entreprises spécialisées. Elles peuvent également devenir une menace pour la liberté des personnes. Cela devait donc être clairement énoncé dans la loi.

D'autre part, la loi de 1978 restait centrée sur les fichiers nominatifs et ne prenait pas en compte les autres technologies numériques (image, son, vidéo). Étant donnée la puissance de calcul des machines actuelles, ces données peuvent être analysées automatiquement et révéler des informations confidentielles sur le comportement de certaines personnes enregistrées à leur insu. Le développement des enregistrements vidéo dans les lieux publics ou privés a rapidement posé un problème et le législateur a souhaité encadrer leur mise en œuvre par une loi spécifique[5] alors que le rapprochement avec la loi de 1978 en vue de la protection des données personnelles allait de soi pour de nombreux spécialistes. La refonte de la loi de 1978 aurait pu être l'occasion d'étendre la protection garantie aux informations nominatives à tous types d'informations numériques concernant des personnes, quel qu'en soit le support. Ce n'est pas le choix qui a été fait.

Enfin, à l'heure d'Internet, il est difficile de légiférer dans un pays ou un groupe de pays comme l'Europe des Quinze sans tenir compte de l'internationalisation croissante des flux de données. Comment assurer un minimum de protection des données personnelles alors que celles-ci peuvent être stockées dans des pays ou simplement transiter par des zones qui garantissent une impunité totale à ceux qui mettent en œuvre ces traitements ? D'autant plus que les États-Unis sont notre premier partenaire dans le commerce des informations et que, jusqu'à présent, ils ne tolèrent aucune entrave à la liberté du commerce et à la circulation des informations. Une des raisons d'être de la directive européenne est de faciliter les négociations avec les États-Unis pour créer une législation commune concernant le transfert international des données.

Les principes à sauvegarder

Dans le chapitre "Libertés" de la Charte des droits fondamentaux de l'Union européenne, l'article 8 est consacré à la protection des données à caractère personnel :

5. Loi du 21 janvier 1995.

- toute personne a droit à la protection des données à caractère personnel la concernant ;
- ces données doivent être traitées loyalement, à des fins déterminées et sur la base du consentement de la personne concernée ou en vertu d'un autre fondement légitime prévu par la loi. Toute personne a le droit d'accéder aux données collectées la concernant et d'en obtenir la rectification ;
- le respect de ces règles est soumis au contrôle d'une autorité indépendante.

Ces principes sont clairs mais on ne peut difficilement en rester à ce niveau très général dans leur application concrète dans une directive pour les quinze pays de l'Union et sa transposition dans la loi nationale de chacun d'eux. Des arguments d'ordre pratique et technologique, d'ordre économique et administratif (le coût d'application de la future loi) et politique (qui contrôle quoi ?) sont venus rapidement amender les principes fondamentaux dans un sens moins contraignant pour les "ficheurs" et moins protecteur pour les "fichés". La directive, puis le projet de loi français reviennent ainsi sur un certain nombre d'"acquis" de la loi précédente sans en gommer vraiment les imperfections et les manques.

Les associations regroupées dans DELIS[6] contestent plusieurs points importants du projet de loi dans une déclaration commune[7] et leurs remarques peuvent clarifier la discussion par un retour aux principes précédemment définis.

Revoir le champ d'application de la loi

La directive de 1995 précise bien la définition d'une donnée à caractère personnel : "toute information relative à une personne physique identifiée ou qui peut être identifiée, **directement ou indirectement** par un numéro d'identification ou à un ou plusieurs éléments qui lui sont propres". Cette définition n'a pas été reprise intégralement dans le projet de loi. Car, sans doute, aurait-elle amené le législateur à s'interroger sur le champ d'application de la loi. Les images numériques issues des caméras de vidéo surveillance contiennent bien des informations qui peuvent identifier **indirectement** des personnes ; elles devraient donc entrer dans le cadre de celle-ci ; or il ne semble pas que la loi sur la vidéosurveillance du 25 janvier 1995 soit remise en question.

De même, les copies temporaires sur disques magnétiques qui sont réalisées lors de la mise en place et de la gestion des réseaux numériques afin de fournir à des clients le meilleur accès possible aux informations demandées, optimiser le fonctionnement des serveurs et se prémunir contre les pannes matérielles ou logicielles, devraient être soumises aux mêmes protections que les fichiers personnels des clients.

6. Droits et libertés face à l'informatisation de la société. www.delis.sgdg.org.
7. Déclaration commune sur le projet de loi relatif à la protection des personnes physiques à l'égard des traitements de données à caractère personnel et modifiant la loi du 6 janvier 1978 relative à l'informatique, aux fichiers et aux libertés.

Redéfinir la notion de donnée sensible

Le projet de loi interdit dans la continuité de la loi de 1978 de "collecter ou de traiter des données à caractère personnel (sauf consentement exprès de la personne concernée), qui font apparaître, directement ou indirectement, les origines raciales ou ethniques, les opinions politiques, philosophiques ou religieuses ou l'appartenance syndicale des personnes" et ajoute à cette liste celles "qui sont relatives à la santé ou à l'orientation sexuelle de celles-ci". Les données génétiques sont-elles incluses dans le terme "données relatives à la santé" ? Dans l'esprit du législateur sans doute, mais le préciser explicitement aurait sans doute évité de futures controverses. Même chose pour les données touchant à la vie privée dans ses composantes psychiques et sociales. La mise en place d'un fichier social informatisé destiné aux travailleurs sociaux dans certains départements a soulevé de nombreuses protestations dans les milieux associatifs et syndicaux. Et pour l'administration, il semble que ces données n'entrent pas dans le cadre de données qui doivent bénéficier d'une protection maximale. Là encore, le législateur est resté dans le flou afin de faciliter sans doute le travail de "fichage" par certains services sociaux.

Le principe de finalité

Dans son article 6, le projet de loi précise qu'"elles (les données) sont collectées pour des finalités déterminées, explicites et légitimes et ne sont pas traitées ultérieurement de manière incompatible avec ces finalités". Il nous semble que les seules finalités compatibles avec un traitement ultérieur sont d'ordre historique, scientifique ou statistique. Si possible, en particulier pour toute étude statistique, les données devront être "anonymisées". Mais il faut garder comme axe directeur que la réutilisation des données est en contradiction avec le principe de finalité des traitements.

En conséquence, il nous semble normal de demander l'accord de la personne concernée, voire l'obtention de "garantie appropriée" par un organisme indépendant tel la CNIL autorisant la réutilisation des données au cas par cas, justifié par un intérêt public dans le cas de données sensibles.

Revenir à une déclaration préalable des fichiers et des traitements

À l'aune de la loi de 1978, les fichiers nominatifs et leurs traitements doivent être déclarés, éventuellement sous une forme électronique simplifiée éditée par la CNIL. Le projet de loi prévoit des dispenses de déclaration arguant du faible pourcentage de fichiers (aux environs de 20 %) réellement déclarés depuis l'introduction de la loi de 1978. Cela appelle deux objections. D'une part, il convient de remarquer la difficulté de mettre en œuvre un réel dispositif de protection des citoyens si l'organisme chargé de cela n'a que des informations parcellaires sur les problèmes dont il est responsable vis-à-vis des citoyens qui n'ont pas la maîtrise des risques encourus. D'autre part, la déclaration même simplifiée permet de sensibiliser le responsable du futur traitement aux aspects "sociétaux" des données à caractère personnel. Sa mise en œuvre électronique par ailleurs ne pose plus aujourd'hui aucune difficulté sur le plan technique.

Maintenir le niveau de protection des personnes de la loi de 1978

On peut relever dans le projet de loi plusieurs dérogations qui abaissent le niveau de protection qu'offre la loi de 1978, mêmes si elles sont couvertes par la directive. Quels sont les principes qui doivent nous guider ?

- Le droit d'information préalable : le responsable du traitement doit informer la personne auprès de laquelle sont collectées les données de la finalité pousuivie par le traitement, du caractère facultatif ou obligatoire de ses réponses ainsi que du destinataire des informations ;
- le consentement : il faut privilégier le consentement exprès (*opt-in*) à un simple droit d'opposition (*opt-out*) et l'appliquer notamment aux données sensibles, aux données captées sur l'Internet et à celles cédées à des tiers. Seules les situations d'urgence médicale nécessitent une dérogation à ce principe ;
- le droit d'opposition ne doit pas être subordonné à des motifs légitimes comme le précise le texte du projet de loi car dans certaines circonstances, la personne concernée (salariés, patients...) n'est pas en mesure de faire valoir ses droits. Ce droit ne doit pas créer de préjudice à la personne qui l'exerce ;
- le droit d'accès et le droit de rectification : le projet de loi reprend pour l'essentiel les dispositions de la loi de 1978. On doit noter quand même une avancée pour les demandes d'accès aux traitements relevant de la sûreté de l'État, de la défense ou de la sécurité publique. Ce droit reste indirect mais est confié à la CNIL, qui mène les investigations et fait procéder aux modifications nécessaires. "Lorsque la commission constate en accord avec le responsable du traitement que le communication des données à caractère personnel enregistrées ou du résultat des opérations effectuées... ne met pas en cause les finalités poursuivies par ces traitements, ces données ou ces résultats sont communiqués au requérant."

Le statut du NIR[8]

La loi de 1978 est née de l'émotion suscitée par le projet SAFARI d'interconnexion des fichiers de données sur les personnes détenus par les administrations au moyen du NIR. Mais cela n'a pas empêché la diffusion de celui-ci au sein des fichiers administratifs bien au-delà des services de la Sécurité sociale pour des motifs avouables ou non. En particulier, de nombreuses administrations conservent le NIR sous le prétexte de vérifier l'exactitude des données enregistrées dans leurs fichiers. Le problème que soulève le NIR est qu'il est plus qu'une simple clef d'accès dans un fichier ou une base de données. Les champs qui le constituent contiennent des

8. Numéro d'inscription au répertoire des personnes physiques tenu par l'INSEE.

informations sur la personne (sexe, date de naissance, département et commune de naissance)[9]. Le NIR est plus signifiant qu'aucun des autres numéros européens. Les Hollandais et les Anglais ont décidé de changer le leur. Le numéro de Sécurité sociale doit donc être transformé en un numéro non signifiant. C'est techniquement possible et certains projets en cours comme la carte SESAM Vitale 2 peuvent en être l'occasion. Il serait bon que soit inscrit dans la future loi le principe dégagé par le Conseil constitutionnel selon lequel le NIR a pour seule finalité d'éviter les erreurs d'identité en détectant les homonymies. Aussi, le NIR ne doit servir ni à la gestion des fichiers ni surtout à faciliter les interconnexions de ceux-ci.

Les interconnexions de fichiers

Même sans identifiant unique, les rapprochements et les interconnexions de fichiers sont de plus en plus simples à réaliser grâce à l'augmentation continue de la puissance de calcul des machines et aux progrès réalisés dans les algorithmes de recherche d'information (*data mining*). Devant le danger pour les libertés que recèlent ces interconnexions (souvent demandées pour la "bonne cause")[10], il convient qu'elles soient effectuées par des tierces parties et non par les demandeurs. Interdiction sera faite à ces intermédiaires de commercialiser ces données issues du rapprochement des fichiers traités et de les conserver au-delà du temps nécessaire à l'exécution du traitement. D'autre part, les finalités des traitements post-interconnexion doivent rester compatibles avec celles qui ont justifié la collecte initiale.

Encadrement des transferts de données vers des États n'appartenant pas à la Communauté européenne

Le projet de loi reprend le principe contenu dans la directive de 1995 selon lequel le transfert de données à caractère personnel ne peut avoir lieu que si le pays destinataire assure un niveau de protection adéquat[11] de la vie privée et des libertés fondamentales des personnes vis-à-vis des traitements envisagés. Mais ce principe inattaquable est accompagné de dérogations comme celles qui autorisent le transfert si celui-ci est nécessaire "à l'exécution d'un contrat entre le responsable du traitement et l'intéressé ou à la conclusion ou à l'exécution d'un contrat conclu ou à conclure dans l'intérêt de la personne concernée entre le responsable du traitement et un tiers".

Ces dérogations posent tout le problème du commerce des données personnelles en plein essor aux États-Unis. Ces dérogations abaissent dangereusement le seuil minimal de protection dans ce domaine et c'est ce seuil minimal qui va être pris comme base de négociation avec d'autres

9. *"Numéro de Sécurité sociale : quels dangers ?"* Brochure éditée par DELIS.
10. Lutte contre la fraude par exemple dans le cas des fichiers fiscaux. Amendement Brard de 1998.
11. Et non pas équivalent, ce qui aurait été plus protecteur pour nos concitoyens !

pays comme les États-Unis qui n'ont pas de législation en la matière. On retrouve dans le projet de loi la même tendance que dans la directive européenne à la libéralisation de l'usage de l'informatique à des fins commerciales et à faciliter le commerce des données.

Les pouvoirs de la CNIL

On peut regretter que le législateur de la précédente Assemblée n'ait pas jugé bon de modifier la composition de la CNIL dans le sens d'une indépendance accrue vis-à-vis des pouvoirs politiques (un commissaire du gouvernement participe aux travaux de celle-ci) mais surtout d'une plus grande représentativité de la société civile (associations, syndicats) en son sein[12]. L'accroissement des pouvoirs de la CNIL pourrait passer notamment par la mise en place de délégations régionales permanentes en liaison avec les acteurs sociaux locaux. Elle devrait également être représentée dans les négociations internationales et communautaires relatives aux problèmes d'informatisation et de société. Les pouvoirs de la commission ont été augmentés ; en particulier, elle pourra prononcer des mesures d'interruption de traitement et saisir le juge des référés en cas d'atteintes graves aux droits et libertés des personnes. Mais pour l'instant, la CNIL n'a pas comme la COB le pouvoir d'intenter un recours en justice.

Quel avenir pour le projet de loi ?

Le projet de loi a été adopté en première lecture par la précédente Assemblée. Quelques amendements, autres que de pure forme, ont été votés par celle-ci. En particulier, celui interdisant les *cookies*[13] sans information préalable de la personne qui veut accéder à des informations. Celle-ci pourra s'y opposer. En outre, l'idée de faire passer les enregistrements de vidéosurveillance sous le contrôle de la CNIL a progressé : un rapport lui sera remis tous les ans sur le traitement de vidéosurveillance. Mais la loi spécifique de 1995 reste hélas en place. Enfin, un débat a été ouvert sur un éventuel contrôle des fichiers de presse. Ce sujet est à notre avis particulièrement délicat et dépasse largement le simple problème des traitements informatiques, pour aborder celui de la liberté d'expression. On peut y voir comme certains une tentative de mise au pas d'une profession qui a parfois révélé des choses gênantes pour le pouvoir politique en place. Il demande donc un débat public plus large que celui ouvert par la transposition de la loi de 1978.

À l'heure où nous écrivons, nous ne savons pas quel statut sera donné par la nouvelle majorité à un texte qu'elle a voté avec la précédente. Il est en cours d'étude au Sénat, qui peut l'amender et le transformer. La France a beaucoup tardé dans la transposition de directive de 1995. Elle ne pourra

12. Par exemple, un membre de la Commision nationale consultative des droits de l'Homme.
13. Petits fichiers enregistrés sur le disque dur de l'utilisateur qui informe de son passage le site Web qui les a envoyés. Ils sont consultables à distance par celui-ci.

pas repousser indéfiniment l'échéance. Surtout qu'au niveau européen l'enjeu est de taille : il s'agit de s'inscrire dans le commerce mondial des données à caractère personnel, de libéraliser l'informatisation à des fins commerciales. Les droits de l'Homme, qui d'ailleurs ne relèvent pas d'une directive dans les traités de l'Union, n'ont guère de place dans un tel arsenal législatif. Aussi n'est-il guère étonnant qu'aussi bien la directive que le présent projet de loi aient été analysés par de nombreuses associations comme une régression par rapport à la loi française de 1978 apparue dans un contexte plus favorable et qui fut l'une des premières au monde à encadrer l'usage des données à caractère personnel.

■

Petite histoire de la directive européenne sur la vie privée et les communications électroniques ou le revirement de l'Europe

Meryem Marzouki*

Encensée par les associations de protection des consommateurs, vilipendée par les associations de défense des droits de l'homme, la directive européenne du 12 juillet 2002 sur la vie privée et les communications électroniques[1] suscite des réactions pour le moins contradictoires de la part d'organismes qui d'ordinaire partagent les mêmes positions et collaborent volontiers en matière de protection de la vie privée et des données personnelles.

L'examen de ces positions révèle en fait non pas une contradiction, mais des réactions partielles et volontairement cantonnées chacune à une seule des implications d'un texte qui comporte deux enjeux principaux : d'une part la protection de la vie privée et des données personnelles vis-à-vis de l'exploitation commerciale de ces informations ; d'autre part la protection de la vie privée et des données personnelles vis-à-vis des atteintes aux droits et libertés fondamentaux des personnes.

L'historique de l'adoption de ce texte, qui s'étend sur deux années pleines depuis sa proposition par la Commission européenne le 12 juillet 2000 jusqu'à son adoption le 12 juillet 2002[2], est intéressant à plus d'un titre : il révèle les positions et tensions qui traversent le Parlement européen, dont les travaux sont en général mal connus des citoyens des États membres ; il montre l'influence des enjeux politiques –parfois politiciens– nationaux sur les travaux européens ; il témoigne de l'impact des attentats du 11 septembre 2001 sur le changement de politique au

* Laboratoire LIP6/PolyTIC
Meryem.Marzouki@lip6.fr
www-polytic.lip6.fr

1. Directive 2002/58/CE du Parlement européen et du Conseil du 12 juillet 2002, concernant le traitement des données à caractère personnel et la protection de la vie privée dans le secteur des communications électroniques. Accessible en ligne à partir du portail d'accès au droit de l'Union européenne : www.europa.eu.int/eur-lex/fr.
2. Communication 385/2000 de la Commission européenne. Proposition de directive du Parlement européen et du Conseil concernant le traitement des données à caractère personnel et la protection de la vie privée dans le secteur des communications électroniques, 12 juillet 2000. Accessible en ligne sur le site de la Commission européenne : www.europa.eu.int/comm/information_society/policy/framework/pdf/com2000385_fr.pdf.

niveau européen ; il met en lumière l'étroitesse de la marge de manœuvre du Parlement vis-à-vis des gouvernements nationaux, malgré ses attributions officielles ; enfin, il signe le revirement de l'Europe, qui abandonne ainsi un principe pourtant bien établi, celui de l'interdiction de toute surveillance systématique des communications, et ouvre la voie à des atteintes toujours plus importantes aux droits fondamentaux et aux libertés publiques.

La première partie de cet article présente la situation antérieure, le contexte de proposition de la nouvelle directive et les modifications qu'elle induit sur la protection de la vie privée et des données personnelles dans le secteur des communications électroniques. Les deuxième et troisième parties sont consacrées à l'analyse des rapports de force et des positions des différents acteurs institutionnels ou de la société civile à travers deux controverses, concernant respectivement l'utilisation commerciale des données personnelles et leur usage aux fins de surveillance par les autorités de police et de justice. La quatrième partie examine les enjeux politiques du compromis atteint. Dans une cinquième partie, nous retraçons, à travers la chronique du vote du Parlement européen en deuxième lecture, les principaux problèmes posés par l'adoption de cette directive, du point de vue de la démocratie comme en termes de respect des fondements juridiques de la construction européenne.

Vie privée et protection des données dans le secteur des communications

Situation antérieure : directive de 1997

La protection de la vie privée et des données personnelles était auparavant essentiellement régie, outre par les textes fondamentaux garantissant les principes[3], par deux textes européens : la directive de 1995[4] sur la protection des données personnelles et la directive de 1997 sur la vie privée dans le secteur des télécommunications[5].

La directive de 1997 complétait la précédente, dite "directive générale", pour traiter spécifiquement des données à caractère personnel mises en œuvre dans les télécommunications. Ainsi, aux définitions contenues dans l'article 2 de la directive de 1995 (données à caractère personnel, traitement de données à caractère personnel, fichier de données à caractère personnel, responsable du traitement, sous-traitement, tiers, destinataire, consentement de la personne concernée), venaient s'ajouter

3. Notamment la Charte européenne des droits fondamentaux.

4. Directive 95/46/CE du Parlement européen et du Conseil du 24 octobre 1995, relative à la protection des personnes physiques à l'égard du traitement des données à caractère personnel et à la libre circulation de ces données. Accessible en ligne à partir du portail d'accès au droit de l'Union européenne : www.europa.eu.int/eur-lex/fr.

5. Directive 97/66/CE du Parlement européen et du Conseil du 15 décembre 1997, concernant le traitement des données à caractère personnel et la protection de la vie privée dans le secteur des télécommunications. Accessible en ligne sur le site de la Commission européenne : www.europa.eu.int/ISPO/infosoc/telecompolicy/fr/9766fr.pdf.

celles de l'article de la directive de 1997 (abonné, utilisateur, réseau public de télécommunications, service de télécommunications).

Du point de vue de la protection de la vie privée et des données personnelles, la directive de 1997 comportait des dispositions extrêmement protectrices pour les abonnés –définis comme toute personne physique ou morale ayant conclu un contrat avec un prestataire de services de télécommunications accessibles au public– et les utilisateurs –définis comme toute personne physique utilisant un service de télécommunication accessible au public à des fins privées ou professionnelles sans être nécessairement abonnée à ce service. Les principales dispositions étaient :

- l'obligation faite aux prestataires de services de garantir la sécurité de ces services et de leurs réseaux (article 4), notamment face aux intrusions et autres utilisations non autorisées des données ;
- l'obligation faite aux États membres de garantir la confidentialité des communications. En particulier, la législation des États membres devait interdire l'écoute, l'interception, la surveillance et le stockage des communications (article 5), sauf en cas d'autorisation légale, "lorsqu'une telle limitation constitue une mesure nécessaire pour sauvegarder la sûreté de l'État, la défense, la sécurité publique, la prévention, la recherche, la détection et la poursuite d'infractions pénales ou de l'utilisation non autorisée du système de télécommunications" (article 14) ;
- l'obligation faite aux prestataires d'effacer ou de rendre anonymes, dès la fin de la communication, les données de trafic concernant les utilisateurs et les abonnés traitées en vue d'établir une communication et stockées par le prestataire à cette fin (article 6). Seules exceptions autorisées : besoins de facturation (données stockées et traitées jusqu'à la fin de la période pendant laquelle une contestation de facture est possible), commer-cialisation par le prestataire de ses propres services de télécommunications (moyennant consentement de l'abonné) ;
- le droit de tout abonné à recevoir des factures non détaillées (article 7), de tout abonné et de tout utilisateur à éliminer le système d'identification de ligne appelante (article 8) ;
- la limitation des données personnelles contenues dans les annuaires d'abonnés à ce qui est nécessaire pour identifier un abonné, sauf consentement exprès de l'abonné à la publication d'informations supplémentaires. En outre, le droit de l'abonné à ne pas figurer dans un annuaire et à ce que ses données ne soient pas utilisées à des fins de prospection directe était garanti (article 11) ;
- l'obligation de consentement préalable des abonnés pour toute utilisation d'automates d'appel et de télécopieurs à des fins de prospection directe (article 12). Cette obligation pouvait être étendue à d'autres moyens de communication, à la discrétion des États membres.

De plus, la directive étendait aux services de télécommunications le champ d'application de certaines dispositions de la directive de 1995, notamment la compétence des autorités de protection des données (article 14).

Enfin, cette directive comportait une annexe listant spécifiquement les données pouvant être traitées par les prestataires à des fins de facturation : données permettant d'identifier l'abonné, numéro de l'abonné appelé, caractéristiques de l'appel autorisant la facturation et permettant de répondre à toute contestation de facture.

Bien qu'applicable de par sa généralité à tout type de données à caractère personnel, la directive de 1995 n'en demeure pas moins limitée à ce que l'on peut considérer comme le contenu des fichiers, puisqu'elle concerne les réseaux fermés ou privés, alors que la directive de 1997 constituait la première tentative de réglementer l'accès, le traitement et l'utilisation des données relatives à la circulation des informations à travers les télécommunications, ou encore les données dites de trafic dans les réseaux ouverts au public.

Objectifs et contexte de proposition de la directive de 2002

La révision de la directive de 1997 intervient dans le contexte du réexamen en 1999 du cadre réglementaire global des services de communications électroniques[6], qui a donné lieu au "paquet télécom" adopté en 2002 : un ensemble de six Directives et une Décision visant à transposer les principes de la concurrence au secteur des communications électroniques. Il s'agit pour la Commission d'adapter les mécanismes juridiques européens aux évolutions du secteur, dans l'objectif de favoriser la libéralisation des télécommunications et d'ouvrir à la concurrence tous les secteurs qui ne l'étaient pas encore.

La proposition de la Commission européenne du 12 juillet 2000 ne visait originellement qu'à étendre le champ d'application de la directive de 1997 sur la vie privée dans le secteur des télécommunications à tous les services de communication électroniques, eu égard aux nombreux développements technologiques (téléphonie mobile, Internet...), en harmonisant "les exigences en matière de protection des données afin de permettre la libre circulation des données et des équipements et services de communications électroniques". Le principal objectif était d'assurer la neutralité technologique de la législation en matière de protection de la vie privée et des données personnelles.

Tout en maintenant le haut niveau de protection des données et de la vie privée des citoyens vis-à-vis des autorités publiques, cette proposition de la Commission étendait largement cette protection aux utilisations marchandes, notamment à travers les communications commerciales non sollicitées.

Les communications électroniques et téléphoniques de toute nature devenaient aussi concernées par ce texte, et les définitions contenues dans son article 2 étaient étendues, pour tenir compte de ces spécificités, à des notions nouvelles (appel, communication, données relatives au trafic, données de localisation). La directive résultante adoptée en 2002 reprend toutes ces notions dans son article 2, et en ajoute deux autres (service à valeur ajoutée, courrier électronique).

La révision de la directive de 1997 était entamée dans un contexte peu glorieux en matière de protection de la vie privée et des données personnelles dans les États membres, puisque, tant cette directive que celle de 1995 n'avaient été reconnues formellement que dans six États membres

6. *Cf.* http://www.europa.eu.int/ISPO/infosoc/telecompolicy/review99/review99.htm.

(respectivement l'Allemagne, l'Espagne, la Finlande, l'Italie, les Pays-Bas et le Portugal pour la première et la Belgique, la Finlande, la Grèce, l'Italie, le Portugal et la Suède pour la seconde). À ce jour, aucune des deux Directives n'a d'ailleurs été complètement transposée en France[7], bien que la France ait été traduite par la Commission européenne devant la Cour de justice des communautés européennes pour défaut de transposition de la directive de 1995, et condamnée pour cela, ainsi que, en janvier 2001, pour défaut de transposition de la directive de 1997[8]. Notons que la directive de 1995 aurait dû être transposée par les États membres au plus tard le 25 octobre 1998 et celle de 1997 au plus tard le 24 octobre 1998, avec une dérogation sur son article 5 (confidentialité des communications), dont le délai de mise en œuvre pouvait être repoussé jusqu'au 24 octobre 2000.

Le processus de révision de la directive de 1997 s'est étendu sur deux années, sous plusieurs présidences européennes : française de juillet à décembre 2000, suédoise de janvier à juin 2001, belge de juillet à décembre 2001, espagnole de janvier à juin 2002, et enfin le tout début de la présidence danoise, de juillet à décembre 2002.

Le dernier point important à signaler est que la révision de la directive de 1997 entre dans le champ d'application de la procédure de codécision[9], selon laquelle le Parlement partage le pouvoir législatif avec le Conseil des ministres de l'Union européenne. Proposé par la Commission, le texte fait dans ce cas l'objet de deux lectures par le Parlement comme par le Conseil. En cas de désaccord entre les deux institutions, un comité de conciliation peut être convoqué, et l'acte n'est alors adopté que si ce comité aboutit à un accord.

Principaux aspects de la nouvelle législation

Les principales nouveautés de la directive de 2002 concernent trois points : l'extension de la protection des abonnés et utilisateurs vis-à-vis des utilisations marchandes pour tenir compte des spécificités des communications électroniques par Internet ; l'extension de la protection des abonnés et utilisateurs vis-à-vis du stockage d'informations dans leurs équipements terminaux ; les restrictions de la protection des données personnelles et de la confidentialité des communications en cas d'autorisation légale.

La première disposition fait l'objet de l'article 13 de la nouvelle directive. Elle reprend l'article 12 de la directive de 1997, pour étendre

7. La transposition de la directive de 1995 est en cours, *cf.* site de la Commission nationale de l'informatique et des libertés : www.cnil.fr/frame.htm?textes/directiv.htm et site du ministère de la Justice : www.justice.gouv.fr/actua/loicnild.htm. La transposition de la directive de 1997 n'a été réalisée qu'en partie, notamment dans le cadre de la loi sur la sécurité quotidienne adoptée le 15 novembre 2001, qui reste soumise pour certaines dispositions à la publication de décrets d'application.

8. Arrêt rendu le 18 janvier 2001 dans l'affaire C-151/00. *Cf.* site de jurisprudence de la CJCE : www.curia.eu.int/common/recdoc/indexaz/fr/c2.htm.

9. Procédure introduite par le traité de Maastricht, dont le champ a été élargi par le traité d'Amsterdam. *cf.* europa.eu.int/institutions/decision-making/index_fr.htm.

l'obligation de consentement préalable ("*opt-in*") des abonnés aux communications commerciales non sollicitées par courrier électronique (*spam*), sauf dans les cas où une transaction commerciale préalable avec la même entité a permis de recueillir les coordonnées de l'abonné, ce dernier gardant néanmoins la faculté de s'opposer aux utilisations subséquentes de son adresse électronique. Malgré leur mention dans le considérant 40 de cette directive, les SMS (messages courts en téléphonie mobile) sont exclus de cette obligation. Les États membres restent maîtres de choisir entre le système d'"*opt-in*" ou d'"*opt-out*" (faculté d'opposition de l'abonné) lorsque les communications commerciales non sollicitées utilisent d'autres services de communication.

La deuxième disposition (article 5, alinéa 3) vise la protection de la vie privée des abonnés et utilisateurs contre les logiciels espions, les pixels invisibles, les identificateurs cachés, et plus généralement tous les dispositifs pouvant pénétrer dans le terminal de l'utilisateur à son insu afin d'accéder à des informations, de stocker des informations cachées ou de suivre les activités de l'utilisateur. Les plus connus de ces dispositifs sont les "*cookies*". La directive ne les interdit pas, mais encadre leur utilisation en la soumettant à l'obligation d'une information claire et complète, notamment des finalités du traitement, ainsi qu'à la faculté d'opposition de l'abonné ou de l'utilisateur. Cet encadrement ne s'oppose pas à l'utilisation de "*cookies*" servant par exemple à authentifier un utilisateur ou un abonné ayant expressément demandé un service.

La troisième disposition (article 15, alinéa 1) ne concerne pas les utilisations marchandes mais la faculté de surveillance des citoyens par les États. Bien que déjà autorisée par le texte précédent dans certaines circonstances, cette faculté devient non seulement explicitement légitimée, mais acquiert un caractère général et systématique. Ainsi, là où la directive de 1997 autorisait, dans son article 14, les législations nationales à surseoir dans certains cas à l'effacement ou à l'"anonymisation" de toute donnée relative à une communication, l'article 15 de la nouvelle directive dispose que "les États membres peuvent, entre autres, adopter des mesures législatives prévoyant la conservation de données pendant une durée limitée lorsque cela est justifié par un des motifs énoncés dans le présent paragraphe". Ce qui concernait donc les écoutes téléphoniques légales, autorisées au cas par cas pour des personnes ou groupes de personnes identifiés, s'étend ainsi à l'écoute électronique potentielle de toute la population, puisqu'il s'agit bien de permettre la conservation systématique et préventive de toute donnée relative à une communication transitant par un prestataire de communications électroniques, qu'il s'agisse du contenu de la communication ou des données de trafic. Rappelons que l'article 2 de la nouvelle directive définit une communication comme "toute information échangée ou acheminée entre un nombre fini de parties au moyen d'un service de communications électroniques accessible au public", ce qui concerne en particulier tous les services Internet, notamment les échanges de courrier électronique et la consultation de sites Web.

Ces trois dispositions, mieux connues respectivement sous les termes de "*opt-in* pour les communications commerciales non sollicitées", "utilisation des *cookies*", "rétention des données", ont constitué l'essentiel des enjeux, débats et controverses qui ont rythmé le processus de discussion de la nouvelle directive, et que nous analysons dans la suite.

Controverse sur l'utilisation commerciale des données personnelles

Si les débats et polémiques à propos de la conservation des données en vue de la surveillance par les États –concentrés sur l'article 15 alinéa 1 de la directive– ont constitué l'essentiel du débat public et de son relais par les médias, il n'en reste pas moins que l'utilisation commerciale des données personnelles des abonnés et utilisateurs de services de communications électroniques était dès le départ un enjeu important du processus de révision du texte européen, voire, à l'origine, le seul susceptible de provoquer une réelle controverse. Notre analyse se limitera à la disposition la plus emblématique de l'utilisation commerciale des données personnelles : celle régissant les communications non sollicitées.

Opt-in...

Dans sa première proposition de texte, la Commission européenne prenait déjà clairement position, dès le 12 juillet 2000, pour une forte protection de la vie privée et des données personnelles des abonnés et utilisateurs vis-à-vis des communications non sollicitées, mieux connues sous le vocable de "*spamming*" ou "courrier-rebut". En vue de mettre fin à des interprétations restrictives de l'article 12 de la directive de 1997, selon lesquelles le terme "appel" ne pouvait être extrapolé à l'ensemble des communications et certainement pas au courrier électronique, la proposition de la Commission s'éloigne résolument de la directive de 1995 qui prévoit dans son article 14 le régime d'"*opt-out*" pour le traitement des données à des fins commerciales et leur communication à des tiers. L'article 13 de la proposition de nouvelle directive étend ainsi le régime de consentement préalable à l'utilisation du courrier électronique à des fins de prospection directe.

On pourrait s'étonner de cette position radicale de la Commission, qui ne montre pas toujours une telle propension à s'opposer aux intérêts des sociétés commerciales réunies en puissants *lobbies*. Dans sa proposition de directive, la Commission argumente en se fondant d'une part sur l'objectif de neutralité technologique et d'autre part sur les risques engendrés par la disparité des législations nationales. En effet, quatre États membres avaient alors déjà adopté un système de consentement préalable, et un cinquième était sur le point de le faire, les autres États membres ayant pour la plupart opté pour des registres d'opposition. La Commission a considéré que cette situation n'était pas satisfaisante du point de vue du marché intérieur puisque les entreprises des pays imposant le consentement préalable pouvaient néanmoins prospecter à leur guise les consommateurs des autres États membres ; elle a également noté que cette situation conduisait à un système inexploitable en pratique puisque les adresses de courrier électronique ne permettent pas dans tous les cas d'identifier le pays de résidence du destinataire.

L'argument décisif est peut-être celui qui est absent des justifications officielles de la Commission, mais clairement exposé en revanche dans un rapport commandé par la Commission en 1999 et publié en janvier 2001[10]. Cet argument est double : d'une part le *spam* coûte cher (le rapport avance le chiffre de 10 milliards d'euros par an pour les frais de connexion dus au *spam* et cumulé par les utilisateurs du monde entier) et peut de ce fait constituer un sérieux frein à la confiance du consommateur et donc au développement du commerce électronique ; d'autre part le *spam* est en grande majorité le fait de très petites entreprises[11], dont les autres moyens de prospection commerciale restent très limités, de même d'ailleurs que leurs moyens de *lobbying* auprès de Bruxelles. Le rapport note ainsi que "pour des pays qui affirment l'ambition de se doter d'un haut niveau de protection des données personnelles, on voit mal l'avantage qu'il pourrait y avoir à se contenter du niveau minimum que représente l'*opt-out*, sauf à céder à la pression des intérêts industriels d'un autre âge, qui protègent des entreprises dont les pratiques professionnelles sont en train de montrer leurs limites et sont d'ores et déjà caduques à la lumière du marketing consensuel" (page 71).

… Ou *opt-out* ?

La principale opposition à la position de la Commission est venue du Parlement européen. Le rapporteur du projet, le député italien Marco Cappato, au nom de la Commission des libertés et des droits des citoyens, de la justice et des affaires intérieures, affirme clairement sa position dans son rapport du 13 juillet 2001[12] : "Une formule d'"*opt-in*" pour la prospection électronique pénaliserait les opérateurs conscients de leurs responsabilités mais n'empêcherait pas les autres de continuer à envoyer des courriers non sollicités […]. Des dispositions plus rigoureuses n'auraient pour effet que d'atténuer l'impulsion donnée aux entreprises pour qu'elles développent des logiciels efficaces dans l'UE", écrit-il en justification de son amendement de suppression de toute mention des courriers électroniques dans l'article 13, alinéa 1 de la proposition de directive.

Marco Cappato, du parti radical italien, précise encore plus sa pensée lors des débats au Parlement européen au cours de la séance du

10. GAUTHRONET S. et DROUARD E., "Communications commerciales non sollicitées et protection des données", Rapport à la Commission européenne, DG Marché intérieur. Janvier 2001. www.europa.eu.int/comm/internal_market/en/dataprot/studies/spam.htm.

11. Voir aussi à ce sujet une interview de JARLET T., directeur de l'administration et de la communication de la CNIL, confirmant cette observation, *Le Journal du Net*, 27 août 2002. www.journaldunet.com/0208/020827cnil.shtml.

12. CAPPATO M., Rapport A5-0270/2001 au Parlement européen du 13 juillet 2001. Disponible sur le site du Parlement européen : www.europarl.eu.int.

5 septembre 2001[13] : "En l'interdiction dite d'*opt-in*, je vois un danger pour la liberté d'expression de ceux qui font correctement du commerce car il n'est pas facile, en raison de la liberté d'expression, de séparer les messages commerciaux des messages non commerciaux. Il peut y avoir des textes journalistiques ou politiques parrainés qui, en tant que tels, pourraient être traités comme des messages commerciaux."

On peut raisonnablement trouver étrange cet argument visant à défendre la liberté d'expression en matière de commerce, mais on comprend mieux les objectifs du député lorsqu'il poursuit ainsi en résumant la position des plus libéraux : "Je crois aussi qu'il existe aujourd'hui des instruments d'autoréglementation, des filtres, des technologies qui peuvent résoudre le problème de façon plus flexible et efficace que ne peuvent le faire les tribunaux. Même les frais que les consommateurs doivent assumer devraient diminuer en raison de la libéralisation des télécommunications que la Commission européenne appuie dans les autres Directives du paquet. Dès lors, avec les bas tarifs, avec les connexions à large bande, le problème des coûts devient de moins en moins important par rapport aux quelques secondes que requiert la connexion. Voilà pourquoi, face aux risques possibles du système d'*opt-in*, nous nous sommes opposés à un système européen harmonisé unique." Le débat a fait rage ce jour-là au Parlement, entre, d'une part, les tenants de la position libérale exprimée par Cappato, soutenu par la droite et, d'autre part, les députés de la gauche, résolument en faveur de l'*opt-in*, au point que le débat a dû être renvoyé en commission.

Dans son deuxième rapport[14] soumis au Parlement en vue de sa position en première lecture sur la proposition de directive, Marco Cappato persiste, et tente de présenter une solution de compromis adoptée par la Commission des libertés et des droits des citoyens, dite de "*soft opt-out*", c'est-à-dire un régime d'*opt-out* assorti de certaines précautions : interdiction de cacher l'expéditeur de la prospection commerciale non sollicitée et obligation de fournir "une adresse contraire à laquelle le destinataire puisse demander qu'il soit mis fin à ces communications".

Le débat qui a suivi au Parlement, lors de sa séance du 12 novembre 2001[15], n'en a pas été plus consensuel pour autant : on a retrouvé le soutien de l'ensemble de la gauche à l'*opt-in*, alors que la droite restait sur la position du rapporteur, persistant à mêler liberté d'expression –cette fois des ONG, notamment caritatives– et pratiques commerciales de prospection directe : "Je soutiens l'*opt-out* pour deux raisons. La première est que, dans le cas contraire, on causerait un tort injustifié aux entreprises et aux sociétés de bienfaisance. Les grandes compagnies américaines

13. Débats du Parlement européen, séance du 5 septembre 2001. www3.europarl.eu.int/omk/omnsapir.so/debatsL5?FILE=20010905FR&LANGUE=FR&LEVEL=TOC2&CHAP=7.

14. CAPPATO M., Rapport A5-0374/2001 au Parlement européen du 24 octobre 2001. Disponible sur le site du Parlement européen : www.europarl.eu.int.

15. Débats du Parlement européen, séance du 12 novembre 2001 : www3.europarl.eu.int/omk/omnsapir.so/debats?FILE=01-11-12&LANGUE=FR&LEVEL=TOC2&GCSELECTCHAP=9.

peuvent se permettre de payer la publicité à la télévision, la presse, des panneaux d'affichage et ainsi de suite. Nous causerions du tort aux petites et moyennes entreprises européennes car les e-mails commerciaux leur permettent de se lancer légitimement dans le commerce électronique. Cela les désavantagerait. Cela désavantagerait les sociétés de bienfaisance, alors que des études montrent que ça ne dérange pas les personnes d'en recevoir" (députée Ludford, au nom des libéraux) ou encore : "L'aspect rigide d'un régime comporte également des risques, qui concernent par exemple la liberté de communication. Ce n'est pas par hasard que la Commission des libertés publiques a voulu être prudente sur ce sujet. Il y a, en effet, des regroupements d'organisations non gouvernementales qui ont exprimé leur inquiétude face à la possibilité, par exemple, de récolter des fonds par le biais de campagnes sur l'Internet" (député Cappato, groupe des non-inscrits).

Dans son vote du lendemain, le Parlement a finalement opté pour le choix national en matière de communication non sollicitées par courrier électronique, laissant à chaque État membre la possibilité de choisir dans sa législation entre opt-in et opt-out.

Quant au troisième acteur institutionnel prépondérant, c'est-à-dire le Conseil des ministres européens, il s'est prononcé dans sa position commune du 28 janvier 2002[16] pour le régime de consentement préalable imposé au niveau européen.

Toutefois, cette position du Conseil, intervenue après les attentats du 11 septembre 2001 aux États-Unis, marque surtout le début de la controverse sur une autre question, celle de la rétention des données personnelles aux fins de surveillance des citoyens par les États, que nous analysons dans la suite.

Controverse à propos de la surveillance par les États

Si la controverse à propos des utilisations commerciales des données personnelles ne pouvait manquer de surgir avec l'adaptation du régime de protection de la vie privée et des données personnelles à l'ensemble des services de communication électroniques, celle portant sur la rétention des données aux fins de surveillance par les autorités de police et de justice des États membres ne s'est manifestée qu'à la suite d'un événement complètement extérieur aux travaux législatifs européens, mais dont la portée internationale devait forcément influer sur les positions européennes. Il s'agit bien sûr des attentats du 11 septembre 2001 et surtout du climat politique sécuritaire qui s'en est suivi, dont les effets sont loin d'être achevés encore aujourd'hui.

16. Position commune n° 26/2002 arrêtée par le Conseil le 28 janvier 2002. www.europa.eu.int/smartapi/cgi/sga_doc?smartapi!celexapi!prod!ELEXnumdoc&lg=FR&numdoc=52002AG0026&model=guichett.

Le Parlement veut protéger les droits et libertés des citoyens

On notera toutefois que dès son premier rapport daté du 13 juillet 2001, le député Marco Cappato, suivi par la commission des libertés et des droits des citoyens, s'inquiétait des prérogatives de plus en plus importantes que s'arrogeaient certains États membres en matière de surveillance de leurs concitoyens, et souhaitait amender l'article 15 alinéa 1 du projet de directive soumis par la Commission européenne comme suit : "Les États membres peuvent prendre des mesures législatives visant à limiter la portée des droits et des obligations prévus aux articles 5 et 6, à l'article 8, paragraphes 1 à 4, et à l'article 9 de la présente directive lorsqu'une telle limitation constitue, **dans une société démocratique**, une mesure nécessaire, **appropriée, proportionnée et limitée dans le temps** pour sauvegarder la sûreté de l'État, la défense, la sécurité publique, la prévention, la recherche, la détection et la poursuite d'infractions pénales ou de l'utilisation non autorisée du système de communications électroniques, comme le prévoit l'article 13, paragraphe 1, de la directive 95/46/CE. **Ces mesures doivent être tout à fait exceptionnelles, fondées sur une loi précise qui soit compréhensible du grand public et autorisées par les autorités judiciaires ou compétentes dans des cas particuliers. En vertu de la Convention européenne des droits de l'homme et conformément aux arrêts rendus par la Cour européenne des droits de l'homme, toute forme de surveillance électronique générale ou exploratoire pratiquée à grande échelle est interdite**" (en gras les amendements du rapport Cappato).

Ainsi, là où la Commission conservait le texte exact de la directive de 1997, se contentant d'y apporter les strictes modifications de terminologie rendues nécessaires par l'extension de son champ d'application, Marco Cappato proposait déjà, bien avant les attentats, le texte même qui fera l'objet de toute la controverse, jusqu'au vote final du Parlement le 30 mai 2002. Cet amendement avait été adopté en séance plénière du Parlement européen le 6 septembre 2001. Il a été confirmé par le vote du Parlement en première lecture de la proposition de directive, le 13 novembre 2001[17] : 339 voix pour l'adoption du rapport Cappato, 92 contre et 89 abstentions. Notons que le débat de la veille n'avait porté que sur la controverse *opt-in* ou *opt-out*, sans qu'aucun intervenant, député ou représentant de la Commission, n'émette une quelconque réserve quant à la teneur de cet amendement, deux mois déjà après les attentats.

Mais le climat politique sécuritaire s'était déjà installé, sous l'influence du président américain George W. Bush[18]. En particulier, le président des États-Unis s'était cru autorisé à une ingérence dans les

17. Vote du Parlement européen, séance plénière du 13 novembre 2001. www2.europarl.eu.int/omk/OM-Europarl?PROG=PRESS-THEWEEK&L=FR &PUBREF=-//EP//TEXT+PRESS-THEWEEK+TW-20011112-S+0+DOC+ SGML+V0//FR&LEVEL=3&NAV=S#SECTION11.

18. MARZOUKI M., "Internet et la démocratie, premières victimes d'une *justice sans limite* pour une *liberté immuable*", in *Alternatives citoyennes*, numéro 4, 8 octobre 2001. www.alternatives-citoyennes.sgdg.org/num4/dos-marzouki-w.html.

affaires européennes, en s'intéressant de près à la directive en cours de discussion, puisqu'il avait adressé une lettre[19] au président de la Commission européenne, lui demandant de modifier cette directive afin de permettre la conservation des données de communications privées des Européens. Cette initiative a fait l'objet d'une réaction de plusieurs organisations non gouvernementales de défense des libertés, notamment sur Internet, regroupées au sein de la coalition internationale GILC (*Global Internet Liberty Campaign*), qui a adressé une lettre à la présidence belge de l'Union européenne pour dénoncer cette demande, soutenir la position exprimée dans le rapport Cappato au sujet de l'article 15 alinéa 1, et lui demander "instamment de ne pas prendre en ce moment des décisions qui porteraient atteinte à la vie privée des citoyens"[20]. Cette action a signé le début d'une intense mobilisation des ONG, qui s'est poursuivie jusqu'au vote final du Parlement, le 30 mai 2002.

Le Conseil inverse les valeurs européennes

En effet, si le Parlement européen a fait peu de cas des demandes de George Bush dans son vote du 13 novembre 2001, il n'en a pas été de même pour le Conseil des ministres, dont la position commune du 28 janvier 2002 en a épousé la cause, et surtout a concentré au niveau européen les mesures d'exception déjà adoptées par certains États membres, comme par exemple la France avec la loi sur la sécurité quotidienne adoptée le 15 novembre 2001[21]. Cette position commune non seulement supprime les dispositions ajoutées par le Parlement à la proposition de la Commission, mais va beaucoup plus loin en instaurant, pour la première fois dans les textes de l'Union européenne, la possibilité de surveillance généralisée des citoyens, en modifiant ainsi l'article 15 alinéa 1 du projet de directive : "Les États membres peuvent adopter des mesures législatives visant à limiter la portée des droits et des obligations prévus aux articles 5 et 6, à l'article 8, paragraphes 1, 2, 3 et 4, et à l'article 9 de la présente directive lorsqu'une telle limitation constitue, une mesure nécessaire pour sauvegarder la sécurité nationale –c'est-à-dire la sûreté de l'État– la défense et la sécurité publique, ou assurer la prévention, la recherche, la détection et la poursuite d'infractions pénales ou de l'utilisation non autorisée du système de communications électroniques, comme le prévoit l'article 13, paragraphe 1, de la directive 95/46/CE. **À cette fin, les États membres peuvent, entres autres, prévoir la conservation de données pendant une durée limitée lorsque cela est justifié par un des motifs énoncés dans le présent paragraphe, dans le**

19. Lettre de George W. Bush à Romano Prodi, président de la Commission européenne, 16 octobre 2001. www.statewatch.org/news/2001/nov/06Ausalet.htm.
20. Coalition GILC, lettre à la présidence belge de l'Union européenne, 12 novembre 2001. www.gilc.org/verhofstadt_french.html.
21. Voir à ce sujet le dossier de l'association IRIS (Imaginons un réseau Internet solidaire) : www.iris.sgdg.org/actions/loi-sec. NB. L'auteur est présidente de cette association.

respect des principes généraux du droit communautaire" (en gras les amendements du Conseil des ministres).

L'ajout de cette dernière phrase marque le véritable tournant dans la politique européenne en matière de protection de la vie privée et des données personnelles. Est-il pour autant une conséquence directe des attentats du 11 septembre 2001 ? Certains acteurs le contestent. Ainsi, l'association française IRIS (Imaginons un réseau Internet solidaire) considérait déjà, dans une analyse datée du 12 novembre 2001[22], que l'intervention de George Bush n'était qu'"un épiphénomène comparée aux pressions menaçantes venant de l'intérieur même de l'Union européenne, qu'elles proviennent de la Commission, du Parlement, des représentants des États membres, ou de divers *lobbies* industriels".

L'association se prévalait de son expérience de participation à de nombreux forums et réunions organisés au niveau européen pour estimer que "le principe d'interdiction de toute surveillance systématique des communications, notamment par la rétention des données de communication, est largement battu en brèche. Les représentants des États et les autorités policières et judiciaires invoquent la nécessité des enquêtes ; les porte-parole des *lobbies* industriels mettent en avant la sécurisation de leurs réseaux (opérateurs et fournisseurs d'accès) et la poursuite d'infractions à la propriété intellectuelle (industrie du logiciel, majors de la musique et du cinéma)". Rappelant que le représentant d'une autorité affirmait même que le but d'une telle demande de rétention des données serait d'"innocenter des personnes injustement accusées", IRIS y voyait une confirmation de "l'inversion des valeurs constatée en France à l'occasion du vote de la loi sur la sécurité quotidienne : on passe d'un régime consacrant la présomption d'innocence à un régime posant comme principe la présomption de culpabilité, avec comme conséquence l'inversion de la charge de la preuve".

Il est clair en effet que tant les dispositions adoptées au niveau de certains États membres, que les discussions au niveau européen sur la cybercriminalité[23] ou les activités relatives à la convention du Conseil de l'Europe sur la cybercriminalité[24] convergeaient en ce sens bien avant les attentats du 11 septembre, et la lutte contre le terrorisme a permis une justification politique *a posteriori* de cette tendance.

La Commission veut achever la privatisation des télécommunications

Pour autant, la Commission européenne n'a pas accueilli avec beaucoup d'enthousiasme la position commune du Conseil. Dans son

22. IRIS, "Menaces convergentes contre la protection des données personnelles en Europe", 12 novembre 2001. www.iris.sgdg.org/documents/dp-europe.html.
23. Commission européenne. Lutte contre la cybercriminalité. europa.eu.int/information_society/topics/telecoms/internet/crime/index_en.htm.
24. IRIS, dossier convention du Conseil de l'Europe sur la cybercriminalité. www.iris.sgdg.org/actions/cybercrime.

opinion[25] transmise au Parlement européen à ce sujet en vue de la deuxième lecture du projet de directive par cette Assemblée, la Commission rappelle en effet son avis selon lequel cette directive ne pouvait comporter de dispositions importantes relatives à des mesures d'application de la loi et ne devait ni interdire ni approuver les mesures spécifiques jugées nécessaires par un État membre. La Commission rappelle ici des dispositions du traité de l'Union, qui impose, selon le vœu même des États membres, une séparation entre des mesures du ressort du "troisième pilier" (justice et affaires intérieures, mesures relevant du droit national et de la coopération intergouvernementale) et celles relevant du "premier pilier" (affaires de la communauté), comme cette directive.

Pour bien montrer qu'elle ne se rangeait qu'à son corps défendant à la position du Conseil, la Commission ajoutait qu'elle avait fait une déclaration officielle disposant qu'elle considérait que "la seconde phrase de l'article 15, paragraphe 1, (...) se limite à fournir un exemple des mesures que les États membres peuvent prendre dans les circonstances et conditions visées à l'article 15, paragraphe 1. Juridiquement, cette phrase ne modifie pas le fond de la première phrase de l'article 15 et n'y ajoute aucun élément. Elle ne dispense pas non plus les mesures éventuellement prises par les États membres d'une vérification quant à leur respect des obligations découlant de la directive et du droit communautaire en général, y compris l'obligation de respecter les droits fondamentaux et les principes généraux du droit communautaire, notamment ceux qui sont consacrés par la Charte des droits fondamentaux de l'Union européenne et par la Convention européenne des droits de l'homme".

Enfin, la Commission rappelait qu'"il est important de signaler que le présent projet de directive fait partie d'un paquet réglementaire plus vaste en matière de communications électroniques, composé de quatre Directives et d'une décision. Comme un accord total entre les institutions a pu être obtenu sur le reste du paquet le 13 décembre 2001, il est de la première importance d'essayer aussi de parvenir rapidement à un accord sur ce projet de directive afin de limiter les retards et, si c'est encore possible, fixer une date d'application réaliste pour les six nouveaux instruments juridiques". On verra que ce souci d'aboutir rapidement à un accord sur l'ensemble du "paquet télécom" sera repris et présenté plus tard par d'autres acteurs institutionnels comme la raison de leur revirement sur la question de la rétention systématique des données de trafic liées à une communication.

Mobilisation des ONG avant la deuxième lecture du Parlement

Devant le danger imminent de revirement complet de la politique européenne en matière de protection de la vie privée et des données personnelles, les ONG européennes comme celles des pays tiers,

25. Commission européenne, communication au Parlement européen concernant la position commune arrêtée par le Conseil. 30 janvier 2002. www/europa.eu.int/smartapi/cgi/sga_doc?smartapi!celexplus!prod!CELEXnumdoc&lg=fr&numdoc=52002SC0124.

notamment les États-Unis, ont réagi par une mobilisation sans précédent pour soutenir le rapport Cappato en vue de la deuxième lecture par le Parlement européen du projet de directive. Toutefois, cette mobilisation n'a concerné que l'article 15 alinéa 1 du projet, contrairement au souhait du rapporteur italien, qui aurait préféré un soutien à l'intégralité des positions exprimées dans son rapport, y compris celles en faveur de l'*opt-in* pour les communications commerciales non sollicitées[26], positions qui ne pouvaient évidemment recevoir le soutien d'ONG défendant la vie privée et la protection des données personnelles à la fois contre les utilisations commerciales et contre la surveillance par les États.

À la veille de la réunion de la Commission des libertés et des droits des citoyens pour l'adoption du deuxième rapport Cappato[27], une information anonyme[28] était publiée sur le site cryprome.org, faisant état d'un possible revirement de la position de cette commission. Alors que son vote semblait acquis, l'information faisait état d'une publication distribuée essentiellement au sein du Parlement européen, "*Le Rapporteur*", dont l'édition du 15 avril mentionnait que plusieurs parlementaires s'apprêtaient à abandonner les positions du rapport Cappato, pour voter en faveur d'un amendement[29] déposé par la députée espagnole du groupe des conservateurs, Ana Palacio, présidente de cette commission. Cet amendement reprenant la position du Conseil sur l'article 15 alinéa 1 tout en l'assortissant d'une référence à la Convention européenne sur les droits de l'homme et à la jurisprudence de la Cour européenne des droits de l'homme, était censé recevoir le soutien d'autres membres de la Commission, qu'il s'agisse de députés du groupe conservateur ou du groupe socialiste. Bien que cela n'ait finalement pas influencé le vote de la Commission des libertés et des droits des citoyens, le danger commençait à se profiler.

En effet, dès le lendemain de la publication du deuxième rapport Cappato, le député italien faisait appel aux organisations de défense des droits de l'homme et des libertés civiles pour que celles-ci se mobilisent et interviennent auprès des députés européens afin qu'ils confirment leur vote de première lecture sur l'article 15 alinéa 1. Marco Cappato mettait en garde contre l'incertitude sur le vote en deuxième lecture, eu égard aux "pressions puissantes exercées par le Conseil et les gouvernements des États membres sur les députés européens"[30].

---

26. Intentions rapportées sur la liste interne des ONG membres de la coalition internationale GILC, le 27 mai 2002.
27. CAPPATO M., Rapport A5-0130/2002 au Parlement européen du 22 avril 2002. Disponible sur le site du Parlement européen : www.europarl.eu.int.
28. Alerte publiée anonymement sur le site cryptome.org, 17 avril 2002. cryptome.org/ep-spy-vote.htm.
29. Amendement 33 au projet de rapport Cappato en vue de la deuxième lecture du Parlement européen, Réunion de la commission des libertés et des droits des citoyens, 18 avril 2002. www.europarl.eu.int/meetdocs/committees/libe/20020418/LIBE20020418.htm.
30. Message de Marco Cappato aux organisations de défense des droits de l'homme et des libertés civiles, 23 avril 2002. Rediffusé sur la liste interne des ONG membres de la coalition internationale GILC.

Il s'en est suivi une très importante mobilisation des ONG au niveau international, qui a culminé par une lettre[31] adressée le 22 mai au président du Parlement européen par plus de 60 ONG couvrant plus de 15 pays. Les ONG s'exprimaient ainsi en vue de la deuxième lecture par le Parlement : "Nous vous exhortons à voter contre le principe du contrôle général et exploratoire des communications électroniques des individus par les autorités policières et services de sécurité. Nous vous recommandons de voter en faveur de la position de la Commission des Libertés et des Droits des Citoyens, de la Justice et des Affaires intérieures [...]. Nous vous encourageons fermement à ne pas voter en faveur d'un amendement à l'article 15 qui laisserait chaque État membre libre de voter sur la question fondamentale de la conservation des données. Par cette déclaration collective, nous voulons souligner l'importance critique que ce vote a pour l'avenir des sociétés démocratiques." Pour donner plus de poids à cette initiative, la signature de cette lettre a été ouverte à tous les citoyens, et a recueilli en moins de six jours plus de 17000 signatures provenant de plus de 70 pays[32].

Parallèlement, les députés de chaque État membre étaient également sollicités par les ONG parties prenantes, comme l'a fait en France l'association IRIS pour les eurodéputés français[33]. Extrêmement bien couverte par les médias dans plusieurs pays[34], cette mobilisation s'est achevée par une conférence de presse conjointe de Marco Cappato et de représentants de la coalition internationale d'ONG GILC au Parlement européen le 29 mai, jour du débat au Parlement sur le deuxième rapport Cappato.

Compromis politique ou vulgaire marchandage ?

Malgré l'ampleur de cette mobilisation, la députée espagnole Ana Palacio poursuivait pendant ce temps son action entamée au sein de la Commission des libertés et des droits des citoyens en faveur de la position du Conseil, mais demeurée jusque-là infructueuse.

Les enjeux politiciens de la présidence espagnole

Comme l'a analysé plus tard le journal *Le Monde*[35], Ana Palacio a joué dans cette affaire le rôle d'agent zélé de son gouvernement, l'Espagne assurant à ce moment la présidence européenne et ayant fait de la lutte contre le terrorisme sa priorité. Comme pour chaque gouvernement, il

31. Lettre des ONG au président du Parlement européen, 22 mai 2002. www.gilc.org/cox_fr.html.
32. Stop 1984. Campagne internationale de collecte de signatures individuelles de la lettre des ONG, du 22 au 28 mai. www.stop1984.com/index2.php?lang=fr&text=letter.txt.
33. IRIS. Message adressé aux députés français républicains élus au Parlement européen, 23 mai 2002. www.iris.sgdg.org/info-debat/lettre-iris-pefr0502.html.
34. EPIC, revue de presse. www.epic.org/privacy/intl/data_retention.html.
35. "Loyola et Ana, les sœurs Palacio, agacent les socialistes et défient les Verts sur le nucléaire", *Le Monde*, 3 juin 2002. www.convention-france.com/2_0148.htm.

s'agissait aussi pour l'Espagne de "marquer" sa présidence d'une réalisation politiquement forte, dont les retombées nationales ne sont d'ailleurs pas négligeables.

Ayant déjà obtenu l'agrément du groupe des conservateurs au Parlement européen, Ana Palacio a donc entrepris de réaliser un compromis avec le groupe socialiste, sur la base de son amendement calqué sur la position du Conseil. Cela fut réalisé le 22 mai, et Marco Cappato dénonça cet arrangement par un communiqué de presse daté du 23 mai[36] : "Ana Palacio Vallelersundi (députée espagnole PPE), présidente de la Commission des libertés civiles (et représentante du gouvernement espagnol conservateur à la Convention) a promu le dépôt au Parlement européen d'amendements relayant la position de la présidence du Conseil (espagnole conservatrice), gagnant le soutien du groupe socialiste du Parlement européen, dans le seul but d'éviter la procédure de conciliation entre le Conseil et le Parlement et de permettre à la présidence espagnole de clore avec succès ce dossier", déclarait Marco Cappato, accusant la députée espagnole de manœuvres politiciennes en faveur de la présidence espagnole.

La référence à la procédure de conciliation découle directement de la procédure de codécision entre le Parlement et le Conseil. Cette procédure, dont on rappelle qu'elle confère d'importants pouvoirs au Parlement puisqu'elle lui permet de partager le pouvoir législatif avec le Conseil, aurait en effet imposé la tenue d'un comité de conciliation, en cas de maintien de la position du Parlement en deuxième lecture, puisqu'il était certain que le Conseil ne modifierait pas sa position relative à la rétention des données. Outre la longueur de cette procédure, qui ne se serait vraisemblablement pas achevée avant la fin de la présidence espagnole (30 juin 2002), un désaccord final aurait abouti à ce que la directive ne soit pas adoptée.

Les socialistes européens se prêtent au marchandage

Dans un courrier électronique[37] adressé aux ONG signataires de la lettre au Parlement, avec copie au président, la députée italienne Elena Ornella Paciotti tentait de justifier, au nom du groupe des socialistes européens, l'accord conclu avec le groupe conservateur du Parti populaire européen sous la houlette d'Ana Palacio.

La députée socialiste argumentait ainsi : "La proposition actuelle est une amélioration à la fois du texte de la directive actuelle et de la position commune du Conseil. Le texte de l'amendement de compromis –tel qu'accepté également par la Commission et le Conseil– indique que toutes les restrictions aux droits et obligations imposés par la directive sur la vie

36. Cappato M., Privacy/European Parliament : Cappato (Radicals) "PPE and PSE Table in the EP the Council Proposals : In This Way Europe Would Authorise Data Retention of European Citizens' Internet and Telephone Communications", Communiqué de presse, 23 mai 2002.

37. Paciotti E.O., courrier aux ONG signataires de la lettre au Parlement européen, 28 mai 2002. www.gilc.org/paciotti_52802.html.

privée dans le secteur des communications électroniques doivent respecter les principes imposés par la Cour européenne des droits de l'homme, c'est-à-dire que de telles mesures doivent constituer "une mesure nécessaire, appropriée et proportionnée dans une société démocratique pour respecter la sûreté nationale." En ce qui concerne la possibilité de rétention des données de trafic, le compromis spécifie que cela doit être décidé uniquement par des "mesures législatives" et autorisé "pendant une période limitée". Enfin, il affirme que "toutes les mesures mentionnées dans ce paragraphe doivent respecter les principes généraux du droit communautaire, y compris ceux mentionnés dans l'article 6, paragraphes 1 et 2 du traité de l'Union européenne". Il n'en restait pas moins que le "compromis" conservait la possibilité explicite que les États membres instaurent une surveillance généralisée et systématique des citoyens par la conservation de toutes les données de trafic liées à leurs communications.

Mais le passage le plus important de ce message est celui qui révèle l'objet réel du marchandage : "Je voudrais aussi porter à votre attention que l'enjeu principal de cette directive est la garantie du droit fondamental à la protection des données personnelles dans le marché intérieur : sur ce point, je pense qu'il est essentiel de permettre à chaque citoyen de choisir si ses données personnelles doivent ou non être librement traitées et utilisées par les sociétés commerciales. Ce droit fondamental ne peut être garanti de façon adéquate que s'il est permis à tous les utilisateurs de prendre cette décision avant que leurs données ne soient incluses dans des annuaires publics ou utilisées pour l'envoi de courrier électronique non sollicité". En échange de leur accord sur la rétention des données de trafic, les socialistes obtenaient l'accord du groupe conservateur sur le régime de l'*opt-in* pour les communications non sollicitées par courrier électronique et évitaient eux aussi le renvoi à un comité de conciliation dans le cadre de la procédure de codécision entre le Parlement et le Conseil.

La réponse des ONG fut cinglante –quoique peu utile à ce stade des négociations : "Il n'y a pas de compromis possible en matière de droits de l'Homme", telle fut en substance la réponse des associations à la députée socialiste italienne[38].

Épilogue : chronique d'un vote annoncé

Sachant l'écrasante majorité que représentent conjointement les groupes conservateurs et socialistes au Parlement européen (avec

38. Réponses des ONG à la lettre de Elena Ornella Paciotti :
Lettre de EPIC (USA), XS4all et Bits of Freedom (Pays-Bas), 28 mai 2002. www.gilc.org/gilc_response_52802.html.
Lettre de IRIS (France), 29 mai 2002. www.gilc.org/iris_response_52802.html.
Lettre de Statewatch (Royaume-Uni), 29 mai 2002. www.statewatch.org/news/2002/may/14civilsoc.htm.
Lettre de Cyber-Rights and Cyber-Liberties (Royaume-Uni), 29 mai 2002. www.gilc.org/cyber_response_52902.html.
Lettre de Derechos Human Rights/Equipo Nizkor (Espagne), 29 mai 2002. www.gilc.org/derechos_response.html.

respectivement 233 et 175 députés sur un total de 626, l'ensemble dépasse de loin le seuil de la majorité qualifiée exigible pour le scrutin qui nous intéresse), le résultat du vote prévu le 30 mai 2002 ne faisait aucun doute. Pourtant, le Parti radical italien (parti de Marco Cappato) tentait encore le 29 mai un dernier appel à la mobilisation, demandant par communiqué de presse à tous les citoyens de l'Union d'écrire aux membres du Parlement. Dans ce communiqué[39], Ottavio Marzocchi n'avait pas de mots assez durs envers les auteurs du "compromis" et l'ensemble du Parlement s'il votait en faveur de ces amendements : "La position du Parlement européen subira alors un complet revirement, exposant le Parlement à une honte institutionnelle certaine et le rendant ridicule."

Mais ce communiqué exposait aussi les conséquences très réelles du vote probable : "Ce changement [de la position du Parlement] créera de plus une situation dans laquelle les lois nationales imposant la rétention des données [...] respecteront la législation communautaire, alors qu'actuellement la Cour de justice des Communautés européennes pourrait les déclarer contraires à la législation européenne et en tout état de cause non proportionnées aux objectifs poursuivis. La Cour européenne des droits de l'homme de Strasbourg sera alors pressée de modifier sa jurisprudence en ce domaine, afin d'éviter une confrontation entre les systèmes légaux et judiciaires de l'Union européenne et du Conseil de l'Europe."

Les débats ont en effet été houleux au Parlement lors de sa séance du 29 mai 2002[40], malgré l'absence très remarquée, et soulignée, de la députée Ana Palacio, qui n'était pas venue expliquer sa position.

Certains, comme le député conservateur allemand von Boetticher, ont essayé de "sauver quelques-uns de leurs meubles", en dépit de l'accord intervenu : " J'aurais pu accepter toutes ces restrictions –et je demeure prêt à les accepter– si le Conseil avait répondu à nos exigences concernant la dernière question et avait réellement accepté la position de sortie pour les annuaires d'abonnés. En la matière, le Conseil n'a cependant voulu concéder qu'une simple variante, dans le cadre de laquelle la décision serait laissée à la discrétion des États membres. Cette attitude implique cependant que le Conseil n'a rencontré, ne fût-ce qu'approximativement, aucune des exigences fondamentales du Parlement. Ceci n'est pour moi guère admissible, et, je le répète : éviter la procédure de conciliation, oui, mais pas à n'importe quel prix ! Si le Conseil veut jouer au poker, nous le suivrons, et cela implique que nous devons rester fermes quant à cette question et que nous devons soutenir l'amendement 14 de M. Cappato. Sans cela, nous aurons en réalité pratiquement tout perdu au cours des négociations officieuses, mais absolument rien gagné."

Les députés socialistes ont maintenu et justifié leur position, l'italienne Elena Paciotti ayant même trouvé un nouvel argument en faveur

39. Ottavio Marzocchi, Privacy / European Parliament : MARZOCCHI O., "The Fundamental Freedom to Privacy is at Stake in the European Union : Act Now!". Communiqué de presse, 29 mai 2002.

40. Débats du Parlement européen, séance du 29 mai 2002 : www3.europarl.eu.int/omk/omnsapir.so/debats?FILE=02-05-29&LANGUE=FR&LEVEL=TOC2&GCSELECTCHAP=10

du "compromis", qui lui semblait tout à coup devenu plus protecteur des libertés qu'auparavant vis-à-vis de la situation régnant dans certains États membres : "Il a fallu chercher également une solution acceptable pour le Conseil quant à la conservation des données aux fins de protection de la sécurité nationale. Dans mon pays, l'Italie, ces données sont conservées cinq ans [...]. La solution prévue à l'amendement de compromis 46 ajoute que, selon les exigences de la jurisprudence de la Cour européenne des droits de l'homme, ces mesures doivent être opportunes et proportionnées dans une société démocratique, que la conservation des données peut être admise uniquement pour une durée limitée, que la législation en la matière doit être conforme aux principes contenus à l'article 6 du traité sur l'Union et donc, en particulier, à ceux consacrés par la Convention européenne des droits de l'homme et par les traditions constitutionnelles communes des États membres, traditions qui sont aujourd'hui résumées dans la Charte des droits fondamentaux de l'Union européenne."

Seuls se sont opposés à la solution présentée comme un compromis d'une part les libéraux, menés par la députée du Royaume-Uni Ludford et bien sûr les non-inscrits du groupe auquel appartient Cappato, et d'autre part la gauche unitaire européenne représentée par l'Allemande Ilka Schröder et les Verts au nom desquels s'exprimait la Néerlandaise Buitenweg. Notons que, dans le cas des libéraux et des non-inscrits, le vote attendu représentait une double défaite, à la fois sur la question de la rétention des données aux fins de surveillance et sur le régime d'*opt-in* pour les communications commerciales non sollicitées.

Ne se faisant aucune illusion sur le résultat, ils se sont montrés, selon les personnalités, soit d'une ironie mordante à l'égard du Parlement : "L'honneur de clôturer ce dossier en beauté incombera à la présidence espagnole. Cette flexibilité généreuse me fait penser à un discours de Groucho Marx, qui a dit un jour : *Tels sont mes principes. S'ils ne vous plaisent pas, j'en ai d'autres.*" (Buitenweg) ; soit implacables sur les conséquences de l'attitude des groupes conservateurs et socialistes : "Qu'advient-il des données que l'État collecte sur vous et vos habitudes de navigation sur Internet ? Les données sont rassemblées. Elles sont transmises au gouvernement suivant. Personne ne sait si seuls les habituels sociaux-démocrates à la tête de l'État y ont accès, ou si les Le Pen, Haider ou Rasmussen en bénéficient également. En fin de compte, personne ne savait exactement avant le 11 septembre comment les droits fondamentaux allaient être rabotés avec le consentement des démocrates occidentaux" (Schröder). Ilka Schröder ira encore plus loin le lendemain dans son commentaire du vote final : "Avec son vote d'aujourd'hui le Parlement européen soutient le projet d'une Union de la surveillance. [...] Les démocrates de l'Ouest ont dépassé de loin les capacités de surveillance de l'ancienne Stasi est-allemande."[41]

41. Datensammlung im Europäischen Parlament – "Besser als die Stasi". Ilka Schröder. Communiqué de presse N°02/2002, Bruxelles, 30 mai 2002. https://www.ilka.org/presse/pms/pms51.html.

La plupart ont tenu à dénoncer ce semblant de compromis qui revenait en fait à adopter la position du Conseil, et à rappeler, à l'instar de Marco Cappato, qu'il était "contraire à toute base juridique" d'introduire dans une directive relevant des affaires intérieures des mesures du ressort du troisième pilier. Également interpellé sur ce point par d'autres députés, le commissaire Liikanen apporte une réponse mitigée au nom de la Direction générale de la Société de l'information : "Comme nous l'avons dit depuis le début des discussions, la directive dont nous débattons aujourd'hui n'est pas un instrument du troisième pilier. Elle impose des limitations juridiques sur ce que nous pouvons inclure utilement dans les dispositions de la directive, tant en ce qui concerne toute mesure nationale de sécurité publique ou de lutte contre le crime qu'en ce qui concerne la sauvegarde des droits et libertés des personnes. Comme la Commission l'a souligné dans sa récente soumission à la Convention européenne, nous pensons que la séparation des trois piliers cause de nombreuses difficultés et devrait dès lors être abandonnée. Mais aussi longtemps qu'ils existent, nous sommes forcés de les respecter, parce que la Cour de justice européenne ne soutiendrait aucun élément relevant du troisième pilier dans une directive du premier pilier." La Cour de justice européenne n'a en tout cas pas été saisie de ce dossier. Cette question sera encore invoquée, sans succès, lors du vote du Parlement le 30 mai 2002[42].

Enfin, c'est encore le rapporteur Cappato qui dénonce clairement l'hypocrisie de la position du Conseil et des députés qui l'ont rejoint : "On a parlé de la lutte contre le terrorisme ? Cette phrase s'imposait-elle dans un instrument d'harmonisation et de libéralisation des télécommunications ? Pas du tout ! C'est un mensonge : les analystes s'accordent à dire après le 11 septembre que ce qui nous manquait, ce n'était pas tant les données que la capacité d'analyser ces données. Aujourd'hui, nous aurions besoin d'une action contre le crime, capable d'investir sur la capacité d'analyser les données, et imposer une conservation généralisée des données concernant tous les citoyens va justement dans le sens inverse, dans le sens des erreurs qui ont été commises. C'est pourquoi je demande –j'ai presque honte de me passionner autant, mais je crois qu'après tout les collègues qui sont restés le méritent– que l'on puisse encore modifier les positions adoptées, et que l'on élimine au moins de notre directive cette phrase abusive, cette phrase qui n'a rien à y faire, car elle relève du troisième pilier, car elle concerne la coopération, la justice et les affaires intérieures, l'insertion de la possibilité pour les États membres de promulguer des lois demandant la conservation généralisée des données."

Par sa référence à la dernière phrase de l'article 15, alinéa 1 ajoutée par le Conseil ("À cette fin, les États membres peuvent, entre autres, prévoir la conservation de données pendant une durée limitée lorsque cela est justifié par un des motifs énoncés dans le présent paragraphe, dans le respect des principes généraux du droit communautaire"), Marco Cappato

42. Vote du Parlement européen, séance plénière du 30 mai 2002. www3.europarl.eu.int/omk/omnsapir.so/debats?FILE=02-05-30&LANGUE=FR &LEVEL=TOC2&GCSELECTCHAP=6.

introduit dès ce moment sa requête de scrutin séparé pour les deux parties de l'amendement dit de compromis (amendement 46), dans l'espoir que la dernière phrase soit rejetée. En outre, le scrutin nominatif a été demandé. Le résultat attendu de la part des 625 députés que comportait le Parlement à cette date n'en a pas changé pour autant[43] : l'amendement 20 de Marco Cappato a été rejeté par 340 voix contre, 150 pour et 4 abstentions ; l'amendement 46 dit de compromis déposé par la coalition conservateurs et socialistes a été adopté par 351 voix pour, 133 contre et 13 abstentions. Notons que le vote sur la seule première partie de cet amendement 46 –dépourvue donc de la phrase du Conseil– s'est soldé par 450 voix pour, 39 contre et 5 abstentions.

Devant cet échec retentissant pour le rapporteur, qui se voyait désavoué aussi bien sur la question du régime des utilisations commerciales de données que sur celui de leur utilisation par les États, la réaction de Marco Cappato a été à la mesure de la bataille qu'il avait menée, notamment en faveur de la protection des droits et libertés fondamentaux des citoyens vis-à-vis de la surveillance par les États. Le député italien a demandé à ce que son nom soit retiré du texte final de la directive, puisque c'était en effet la seule trace de lui qui y demeurait : "Monsieur le Président, je vous remercie de ne pas avoir associé mon nom au résultat du rapport sur ce point, qui prévoit le maximum de restrictions de la protection de la vie privée dans les rapports privés entre les citoyens et le minimum dans les rapports avec l'État. Il me semble qu'il s'agit d'une véritable contradiction et je préfère donc ne pas être associé à un accord –auquel, d'ailleurs, je n'ai pas été directement associé– obtenu contre toutes les positions de la Commission des libertés et des droits des citoyens, de la justice et des affaires intérieures de ce Parlement."[44]

Conclusion

La suite ira évidemment très vite, toute opposition sérieuse ayant été levée par le vote du Parlement européen en deuxième lecture : la Commission européenne adoptait le 17 juin les amendements du Parlement, le Conseil des ministres les adoptait à son tour le 25 juin et la directive était conjointement signée par le Parlement et le Conseil le 12 juillet 2002.

L'histoire ne s'arrêtera pas forcément là. Un certain nombre de parlementaires, Marco Cappato en tête, entendent bien utiliser toutes les occasions possibles pour revenir sur certains aspects de cette directive. Les ONG de défense des droits de l'homme et des libertés sont disposées à se battre encore sur ce terrain et des actions sont déjà en préparation. Les opérateurs de services de communications électroniques également, et leur

43. Résultat des votes du Parlement européen, séance plénière du 30 mai 2002. www3.europarl.eu.int/omk/omnsapir.so/calendar?APP=PDF&TYPE=PV1&FILE=2002-05-30fra1.pdf&LANGUE=FR.
Voir aussi ce résultat mis en forme par IRIS, avec texte des amendements et mise en évidence du vote des députés français. www.iris.sgdg.org/info-debat/vote-pefr300502.html.
44. Déclaration du député Marco Cappato. Débats du Parlement européen, séance du jeudi 30 mai 2002. Accessible à partir du site du Parlement européen : www.europarl.eu.int.

association européenne, EuroISPA, a déjà annoncé le 3 octobre une prochaine réunion à ce sujet avec le secrétariat du Conseil européen pour plaider en faveur de lois "nécessitant que les demandes de conservation de données soient relatives à un événement ou une personne spécifique, en vue de protéger la vie privée et de réduire les charges pesant sur les opérateurs de communications"[45].

Par ailleurs, la directive européenne de 1995 entame un processus de révision, et pourra constituer l'occasion de discuter à nouveau de cette question[46]. On peut espérer qu'à travers ce processus les autorités nationales de protection des données personnelles se fassent plus et mieux entendre. Jusqu'à présent en effet, le groupe "Article 29", institué par la directive de 1995 qui les réunit, a peu eu l'occasion de s'exprimer à ce sujet : il ne l'a fait qu'à travers deux avis, respectivement rendus le 3 février[47] et le 2 novembre 2000[48], c'est-à-dire au tout début de cette longue procédure. Dans son premier avis de février 2000, le groupe avait d'ailleurs émis le souhait d'être associé de près aux travaux, comme en témoigne son insistance manifeste à cet égard dans ce texte.

Force est pourtant de constater que ce groupe n'a pas estimé judicieux d'intervenir officiellement dans le débat subséquent, pas même lorsque la position commune du Conseil des ministres a engagé un tournant dans la position de l'Union européenne. Quant aux autorités nationales qui le composent, la consultation de leurs sites Web montre bien qu'elles se sentent relativement peu concernées par la directive de 1997 et sa révision, comme en témoigne, entre autres, le site de la CNIL en France, qui se contente d'un simple lien vers ces textes, parmi divers textes internationaux[49] : leur "grande affaire" reste la directive de 1995.

■

45. Bureau des affaires intérieures, Washington DC, États-Unis. Bulletin n° 194, 7 octobre 2002 page A-7.
46. Commission européenne. Conférence sur la protection des données et rapport sur la transposition de la directive 95/46/CE. www.europa.eu.int/comm/internal_market/en/dataprot/lawreport/index.htm.
47. Groupe de travail "Article 29" sur la protection des données, avis 2/2000 concernant le réexamen général du cadre juridique dans le domaine des télécommunications, 3 février 2000. Accessible à partir du site du groupe de travail : www.europa.eu.int/comm/internal_market/fr/dataprot/wpdocs/index.htm.
48. Groupe de travail "Article 29" sur la protection des données, Avis 7/2000 sur la proposition, présentée par la Commission, de directive du Parlement européen et du Conseil concernant le traitement des données à caractère personnel et la protection de la vie privée dans le secteur des communications électroniques du 12 juillet 2000 (COM (2000) 385), 2 novembre 2000. Accessible à partir du site du groupe de travail : www.europa.eu.int/comm/internal_market/fr/dataprot/wpdocs/index.htm.
49. Cf. www.cnil.fr/textes/text09.htm.

Incorporer la protection de la vie privée dans les systèmes d'information, une alternative à la régulation par la loi ou par le marché

Godefroy Beauvallet, Patrice Flichy et Maurice Ronai*

Scott McNeally, PDG de Sun, déclarait en janvier 1999 dans une apostrophe aux défenseurs de la protection des données personnelles : "*This is the XXIst century. You have zero privacy anyway. Get over it !*"[1]. Si le cynisme de cette assertion n'a pas laissé indifférents ceux qu'elle visait, il reste à relever un paradoxe. L'un des principaux fournisseurs de technologies, de logiciels et de matériel proclame que l'informatique est par essence liberticide, alors qu'il sait, mieux que tout autre, qu'elle n'a pas de nature : elle est le domaine par excellence de la flexibilité. Après tout, plus on souhaitera protéger les données au sein des systèmes informatiques, plus les fournisseurs pourront vendre des systèmes complexes –et coûteux– assurant des fonctions avancées de protection. Si le PDG de Sun considère pourtant, comme l'ont fait traditionnellement les fournisseurs informatiques, que la protection de la vie privée n'est pas de leur ressort, cette garantie doit alors être assurée par les utilisateurs de leurs technologies, et non par ces technologies elles-mêmes. Mais cette vision traditionnelle est-elle vraiment pertinente ? N'est-il pas possible de prendre Scott McNeally au mot et d'incorporer les fonctionnalités de protection des données aux systèmes d'information, aux outils informatiques eux-mêmes ? C'est la question à laquelle nous nous intéressons dans cet article.

En premier lieu, nous définirons les objectifs d'une protection pragmatique des données personnelles dans le contexte d'un outil informatique qui est devenu universel, en ménageant une voie médiane entre les adeptes d'une transparence totale et même totalitaire et ceux d'une opacité complète, totalement paralysante. Nous nous pencherons ensuite sur les moyens juridiques (droit applicable, cadre régulateur), sociaux (normes d'usage, stratégies de protection) et techniques qui permettent de mettre en œuvre cette protection. Nous étudierons, de manière plus approfondie, les moyens techniques de protéger ces données

* Godefroy Beauvallet : ENST Paris ;
Patrice Flichy : université de Marne-la-Vallée ;
Maurice Ronai : EHESS.

1. SPRENGER P., "*Sun on Privacy : 'Get Over It'*", *Wired News*, 26 janvier 1999.

au sein même des systèmes d'information[2], que ce soit en jouant sur l'architecture de ces systèmes ou –piste à notre sens plus fructueuse, quoique moins explorée– en modifiant les composants utilisés au sein de ces systèmes. Nous conclurons à la faisabilité d'une telle protection au niveau des composants logiciels des systèmes d'information.

Concilier protection de la vie privée et ubiquité de l'informatique

Le débat sur la protection des données personnelles dans la société de l'information se développe sur la base de deux demandes apparemment contradictoires des utilisateurs des outils informatiques et, notamment, des services en ligne : d'une part, l'exigence d'une simplicité des opérations en ligne et, d'autre part, la recherche de l'anonymat de la navigation et de la confidentialité des transactions.

La complexité actuelle des démarches en ligne est souvent citée comme l'une des raisons du faible développement du commerce et de l'administration électroniques. Parmi les simplifications souhaitées par les marchands en ligne, mais également par certains utilisateurs, figure en bonne place la généralisation de dispositifs évitant au client de ressaisir pour chaque marchand, voire pour chaque transaction, ses données personnelles ; autre demande souvent citée, un dispositif de tri personnalisé permettant à un utilisateur de ne recevoir ou de consulter prioritairement que les informations qui le concernent. Ce type d'améliorations rapprocherait l'ergonomie de la transaction en ligne de celle en face-à-face.

Dans le domaine administratif, de même, les téléservices publics restent d'utilisation complexe alors que les hommes politiques (suivant en cela l'ensemble des acteurs économiques) vont répétant qu'il est possible, grâce à l'informatique, de simplifier et de personnaliser les rapports entre l'usager et l'administration[3]. Celle-ci pourrait en effet, en s'appuyant sur la connaissance qu'elle aurait de son interlocuteur, ne présenter ou n'expédier que l'information qui est directement utile à l'usager, compte tenu de son âge, de sa situation familiale, etc. Bien mieux, l'État pourrait proposer régulièrement un bilan des droits de chaque citoyen, lui indiquant notamment les aides et prestations auxquelles il a droit et qu'il n'utilise pas. Cet "audit social" personnalisé permettrait aux plus démunis, qui bien

2. Cette idée fait partie des questions soumises au débat public dans le livre blanc, *Administration électronique et protection des données personnelles*, coordonné par Pierre Truche, Jean-Paul Faugère et Patrice Flichy, avec Maurice Ronai comme rapporteur (Documentation française, 2002). Nous proposons de développer plus en détail ici cette idée. Www.fonction-publique.gouv.fr/communications/rapports/rapports_index.htm

3. Dernier en date, Jean-Paul Delevoye, ministre de la Fonction publique, de la Réforme de l'État et de l'aménagement du territoire, déclarait le 30 août 2002 à l'université d'été de la communication d'Hourtin : "Je suis personnellement convaincu de l'apport des nouvelles technologies qui vont considérablement modifier notre environnement quotidien, et contribuer à améliorer de manière significative les relations entre les citoyens et l'État."

souvent ignorent leurs droits, d'en bénéficier[4]. L'informatique administrative serait ainsi un instrument de justice sociale ; plus largement, elle permettrait de mieux adapter la société aux demandes de chacun de ses membres.

Pour mettre en place ces services personnalisés et cet État-providence renouvelé, les organisations prestataires de services (privées ou publiques) doivent réunir de nombreuses informations sur les individus et les rapprocher les unes avec les autres. Pour le consommateur ou l'usager, l'entreprise prestataire ou l'administration deviendrait alors une boîte noire, avec les avantages et les inconvénients que cela comporte. Certes, les rapports seraient très largement simplifiés. Mais, en retour, il ne serait guère possible au client ou au citoyen de percevoir, au-delà des opérations qui le concernent, le plan d'ensemble qui a conduit à lui réserver ces traitements ni les prestations qui sont proposées à d'autres.

La généralisation de ce type de relations ne reviendrait-elle pas à construire une société dont les individus seraient totalement transparents pour les organisations –et au premier chef pour l'État– et où les activités des uns et des autres seraient, d'une certaine façon, réalisées sous le regard de la collectivité ? Cette société ne serait-elle pas une société panoptique, ou un État policier ? Comme le disait le juge américain William Douglas : "*the right to be let alone is indeed the beginning of freedom*[5]." Le droit au secret dans sa vie privée, comme le droit à l'oubli sont en effet des conditions indispensables à toute société démocratique. L'utilisation de l'informatique pour simplifier et individualiser les services marchands ou administratifs ne peut donc être réalisée qu'en protégeant la *privacy*.

La deuxième demande qui apparaît en matière de commerce et d'administration électronique est bien différente : celle d'un anonymat généralisé et d'une confidentialité totale. Cette exigence est d'ailleurs bien plus présente "en ligne" qu'elle ne l'est dans les autres modes d'interaction commerciale ou administrative : la même personne peut être paranoïaque sur Internet et laisser partout traîner sa Carte bleue dans le "monde physique". Cette demande s'exprime le plus souvent sous la forme d'une défiance profonde à l'égard du traitement réservé par les entreprises et, plus encore, par les administrations aux données qui leur sont fournies par les usagers.

Poussé à son extrême, ce souci de furtivité généralisé conduirait à un modèle de société opposé au "panoptique" précédent, et qui est notamment celui qu'appellent de leurs vœux –et s'efforcent de vivre– les "crypto-anarchistes"[6] : l'individu ne dévoilerait jamais son identité, il serait l'unique détenteur de ses données personnelles. Lors de chaque interaction sociale (avec d'autres individus, des entreprises ou l'administration), il ne

4. Cette idée a notamment été développée par ATTALI J., "Devoir d'État", *L'Express*, 22 novembre 2001 (http://www.lexpress.fr/Express/Info/France/Dossier/attali/dossier.asp?ida=296548).

5. Cité par SHAPIRO A., « Privacy for Sale : Pedling data on the Internet », *The Nation*, 23 juin 1997.

6. Voir LEVY S., *Crypto : How the code rebels beat the government, saving privacy in the digital age*, New York, Viking, 2001.

fournirait que les données absolument nécessaires à la transaction, les autres données restant secrètes. Par exemple, pour recevoir une prestation sociale, l'administré n'aurait besoin de fournir ni son adresse ni le montant de ses impôts ; il suffirait qu'il précise son nom, voire un identifiant *ad hoc*, ainsi qu'éventuellement le nombre de ses enfants et l'information de ce que ses impôts sont inférieurs à un plafond. De la même manière, pour commander en ligne un logiciel, il suffirait que l'usager télécharge le fichier correspondant et qu'il utilise un système de paiement anonyme, comme celui qu'avait en son temps imaginé Digicash. Dans ses relations interpersonnelles, l'individu utiliserait systématiquement des pseudonymes et ne dévoilerait qu'au cas par cas les éléments de son identité qui lui paraissent nécessaires pour progresser dans l'interaction.

Le seul problème de ce modèle de l'opacité et de la furtivité est que l'application généralisée de ces principes rendrait impossible toute vie sociale. Dans un tel monde, où l'anonymat est la règle, toute relation sociale doit en effet être constamment renégociée, les relations de confiance ne sont plus possibles. Certes, l'État ou les entreprises ne peuvent plus surveiller les citoyens et il devient impossible de constituer des bases de données sur les individus réels mais, paradoxalement, ce monde ressemble aux sociétés totalitaires, car la défiance y est permanente. On est dans un monde déstructuré, anomique où il devient très difficile d'établir des rapports de confiance, de construire un lien social, où même les routines de coopération ordinaire sont impossibles.

Ainsi, en matière de gestion des données personnelles, le modèle de la transparence comme celui de l'opacité, malgré leurs aspects séduisants, sont aussi inacceptables l'un que l'autre. La question de la *privacy* ne peut être résolue de façon aussi radicale. Pour pouvoir offrir des services en ligne de qualité, il faut pouvoir réunir de l'information sur les individus, mais dans de nombreux cas, ces données n'ont pas besoin d'être nominatives ; quand il est nécessaire qu'elles le soient, leur collecte doit être acceptée par l'usager. À l'inverse, de nombreuses activités en ligne peuvent être anonymes, comme c'est d'ailleurs également le cas dans le monde réel. De nombreuses informations peuvent m'être données sans que j'ai à décliner mon identité ; je dois pouvoir payer de façon anonyme (comme avec la monnaie sonnante et trébuchante).

S'ils doivent de plus en plus être le support de nos activités économiques et sociales, les systèmes et réseaux d'information doivent donc fonctionner sur le mode de l'anonymat par défaut, à chaque fois qu'il n'est pas indispensable d'afficher son identité. C'est d'ailleurs le mode de fonctionnement usuel du Web. De même, la possibilité de crypter ses messages doit être proposée à tous ceux qui le veulent, et ne pas nécessiter de compétence technique particulière. L'anonymat n'est-il pas, au demeurant, une des conditions d'exercice de la citoyenneté à travers le vote et certaines modalités de l'engagement politique ?

Il s'agit donc de construire un modèle de la *privacy* qui permette à la fois une certaine opacité dans les relations sociales et autorise une plus grande efficacité et une certaine individualisation des relations commerciales et administratives. Pour ce faire, nous allons en premier lieu explorer les divers moyens qui peuvent être mobilisés au service de la protection des données personnelles au sein des systèmes d'information.

Droit, autorégulation et code : des modes de régulation complémentaires et interdépendants

On distingue habituellement une approche européenne, fondée sur des législations protectrices et des autorités de contrôle, et l'approche américaine, fondée sur l'autorégulation et sur le marché. En fait, l'histoire de la protection de vie privée face à l'information est celle d'une confrontation et d'une hybridation entre plusieurs modes : régulation par le droit (modèle politique), autorégulation par les acteurs et plus largement par le marché, régulation par la technique.

La régulation par le droit de la protection de la vie privée

Le besoin de protéger la vie privée par la loi s'est imposé très tôt. Les États-Unis ont réglementé les écoutes téléphoniques dès 1968 (*Federal Wiretap Act*), puis les systèmes d'information des administrations en 1974 (*Privacy Act*). Chaque nouvelle technologie de communication donne lieu à une réglementation *ad hoc* : de la télévision par câble (1984) au courrier électronique (1998), en passant par les autocommutateurs (*Telephone Consumer Protection Act*).

L'Europe a opté, de manière plus tranchée, pour une protection de la vie privée par la loi : d'abord, au niveau des États, puis, au niveau communautaire avec l'adoption de deux directives : la directive sur la protection des données personnelles (1995), complétée par une autre, en 1997, centrée sur les télécommunications. Si l'approche américaine se veut *ad hoc*, l'approche européenne se veut plus globale. Plus politique aussi : elle élève la protection de la vie privée au rang d'un droit de l'homme : un droit à "l'autodétermination en matière d'information", un droit d'ordre public qui doit être garanti par l'État, et qui se décline en principes : principes de finalité, de pertinence et de proportionnalité des données, limitation de la durée de conservation des informations (droit à l'oubli), obligation de ne communiquer les données qu'aux destinataires et tiers autorisés à en connaître, obligation de sécurité, respect des droits des personnes (principe de loyauté et de transparence, c'est-à-dire droit à l'information, droit d'accès, de rectification, droit d'opposition...).

La différence majeure, dans les faits, réside peut-être dans l'institution d'autorités de contrôle indépendantes qui veillent au respect de ce cadre protecteur. Mais l'approche européenne rencontre un double déficit d'effectivité. Les autorités de contrôle ont de plus en plus de mal à exercer leur mission. Avec la banalisation de la micro-informatique, les fichiers et les traitements prolifèrent, échappant, pour l'essentiel, aux procédures de déclaration. Nul n'est en mesure, en France comme dans les autres pays-membres, d'estimer précisément le nombre des traitements automatisés d'informations nominatives, alors que l'objet de la loi est précisément de les réglementer. "La CNIL en a enregistré 500 000 environ. Encore ce chiffre doit-il être minoré d'environ 20 %, pour tenir compte des traitements qui ont disparu sans que leur suppression ait été déclarée. De toute façon, le nombre actuel de traitements en fonctionnement est sans commune mesure avec celui des traitements déclarés ou autorisés. Trois millions d'entreprises sont dotées d'un ou plusieurs traitements, parfois des centaines...[...] Au total et même en tenant compte des traitements dispensés de déclaration, on peut avancer sans grand risque d'exagération que quelques millions de traitements ont échappé"[7] au contrôle de la CNIL. La directive européenne apporte une réponse partielle à ce "déficit" en déplaçant le curseur des fonctions de contrôle *a priori* (déclaration et autorisation) vers le contrôle *a posteriori*... Même en renforçant les pouvoirs d'investigation et de sanction des autorités de contrôle, même en augmentant leurs moyens humains, on pressent que le modèle européen fondé sur une autorité de contrôle atteint ses limites face à l'explosion des fichiers et des traitements, à la flexibilité des outils informatiques, à la vitesse de leur évolution, à la complexité des architectures mises en place[8].

Quant aux droits reconnus : droits d'information, d'accès, d'opposition et de rectification, ils restent "assez formels, celui-ci (l'usager) n'ayant qu'une faible connaissance des fichiers détenant des données sur lui. Le contrôle des traitements est devenu surtout l'affaire de la CNIL"[9].

2.2 Autorégulation

L'autorégulation repose, au contraire, sur la libre confrontation et l'ajustement mutuel des comportements des acteurs. Calquée sur le fonctionnement du marché, l'autorégulation suppose que le marché finira par sanctionner les entreprises qui font un usage abusif des informations qu'elles collectent. "La loi n'intervient que sur une base très ciblée pour résoudre des problèmes spécifiques là où le marché a échoué."[10]

Mais les mécanismes d'ajustement et de négociation ne jouent que très imparfaitement, dans un contexte de forte asymétrie : les gens ne savent pas à quel degré ils sont fichés, ni quel usage est fait réellement des données qui les concernent, ni à qui elles ont été communiquées... Cette asymétrie apparaît fort bien dans les propositions de la *Direct Marketing Association* américaine. Celle-ci propose que les entreprises puissent utiliser beaucoup plus largement les données personnelles qu'elles ont collectées, sauf si les usagers déclarent expressément qu'ils le refusent.

---

7. BRAIBANT G., *Données personnelles et société de l'information*, Rapport au Premier Ministre, Paris, Documentation française, 1998.
8. Cette thèse est notamment défendue par Ester Dyson dans *Release* 2.1, Penguin Book, 1998.
9. MAISL H., "De l'administration cloisonnée à l'administration en réseau : fin de la vie privée et/ou satisfaction de l'usager ?", Colloque *L'administration électronique au service des citoyens*, Paris, 21-22 janvier 2002.
10. Reidenberg J., "Protection de la vie privée et l'interdépendance du droit, de la technologie et de l'autorégulation", *23e conférence internationale des commissaires à la protection des données personnelles*, Paris, 24-25 septembre 2001.

Ce régime dit "*opt-out*" s'oppose au "*opt-in*", principe qui jusque-là constituait la règle et prévoyait que les données ne peuvent être utilisées pour une autre finalité que celle pour laquelle elles ont été originellement recueillies qu'avec l'accord explicite de la personne concernée.

De plus, les acteurs économiques qui s'imposent des règles de retenue en matière de collectes et de traitements se trouvent pénalisés par rapport à ceux qui ne s'en imposent aucune : l'autorégulation suppose l'émergence de normes collectives, qui prennent la forme de chartes de déontologie et de codes de conduite. Encore faut-il que toutes les entreprises adhèrent à ces normes et les respectent, ce qui est loin d'être le cas.

Aux stratégies de collecte de données personnelles par les organisations répondent des stratégies de "furtivité" des personnes : communiquer le moins de données possible ou des données erronées... Les utilisateurs tendent aussi à se doter d'outils techniques qui permettent aux personnes de préserver leur anonymat ou d'exercer un contrôle sur la nature des données qu'ils communiquent. On qualifie ces outils de "*privacy enhancing technologies*". Ainsi, bien souvent, l'usager qui n'est pas protégé par la loi doit assumer lui-même sa protection. C'est donc un modèle qui est beaucoup plus favorable aux entreprises qu'aux personnes privées.

En tout état de cause, l'autorégulation ne vaut que pour le seul secteur commercial. Face à l'administration, en situation de monopole, le public ne peut faire jouer la concurrence. Si la loi définit les obligations informationnelles des citoyens (les données qu'ils sont tenus de communiquer), il lui revient aussi de définir les obligations informationnelles des administrations.

La patrimonialisation des données personnelles, une solution en débat

Alors que la loi ne protège que formellement le citoyen et que l'autorégulation est en fait favorable aux entreprises, il convient de trouver une solution qui donne plus de pouvoir à l'individu. Plusieurs auteurs défendent aujourd'hui l'idée qu'il faut donner aux individus un droit de propriété sur leurs données personnelles. Dans un tel système, les personnes sont en en situation de "négocier" les données avec les organisations qui souhaitent les acquérir, ce qui suppose des dispositifs techniques. Des mécanismes de marché peuvent ainsi se mettre en place. Les opérateurs (qui acquièrent aujourd'hui ces données gratuitement) devront arbitrer, acheter les données ou se débrouiller autrement.

Paul Sholtz a construit sur ce principe une théorie économique de la *privacy*[11] fondée largement sur le concept des coûts de transaction forgé par Coase et Williamson. Les avancées technologiques, explique-t-il, ont considérablement réduit les coûts de collecte et de traitement des données personnelles par les entreprises. Cette modification de l'environnement a donné naissance à un marché inefficace du fait de l'asymétrie de l'information entre les acteurs. Reconnaître aux consommateurs un droit de

11. SHOLTZ P., "Transaction costs and the Social Costs of Online Pricacy", *First Monday*, vol. 6, n° 5, mai 2001.

propriété sur leurs données personnelles apparaît comme le moyen de rétablir l'efficacité du marché et d'accélérer l'adoption du commerce électronique.

Cette vision du rééquilibrage du marché bénéficie du soutien de certains défenseurs de la vie privée, désireux de s'opposer aux formes les plus intrusives du marketing en ligne. Leur objectif n'est pas d'œuvrer pour l'enrichissement du consommateur. Ils font plutôt le pari que les redevances versées aux particuliers pour leurs informations contribueront à renchérir substantiellement le coût de production des campagnes de marketing direct. Pour des raisons de rentabilité, les milieux économiques finiront alors par préférer d'autres modes de communication, plus respectueux de la vie privée. La marchandisation des données personnelles est souhaitée par des organisations de défense de la vie privée pour les mêmes raisons que le personnel politique écologiste défend une fiscalité élevée sur le prix des carburants. L'élévation du prix permet de dissuader le marché d'effectuer des choix économiques jugés néfastes pour la société[12].

De son côté, le juriste américain Lawrence Lessig souscrit assez largement à cette approche. Schématiquement, il considère que la seule façon de défendre la *privacy* est d'instaurer un régime de propriété des individus sur leurs données personnelles, ce qui revient, en définitive, à laisser le marché réguler la *privacy*, à rebours de ses préconisations pour les autres dimensions de la vie "en ligne" –notamment en matière de propriété intellectuelle. Cette contradiction de la pensée de Lessig a été notamment notée par Marc Rotenberg[13].

Pour rétablir l'équilibre en faveur de l'individu, la protection de ses données personnelles doit être systématique et adaptée à la nouvelle donne technique et économique, qui voit la multiplication des interactions virtuelles entre chaque individu et un nombre croissant d'acteurs. Lessig estime donc qu'il faut imaginer un nouveau cadre juridique basé sur la propriété privée des données personnelles. Une telle solution donne à chaque individu le contrôle sur les informations qui le concernent, en donnant un cadre juridique clair et connu aux transferts de données personnelles. Certains individus, pour faciliter leurs transactions commerciales ou administratives, n'accordent que peu d'intérêt à la protection de leur *privacy*, ils céderont gracieusement leurs données personnelles, d'autres, au contraire, refuseront de les vendre. Finalement le marché constituerait la meilleure solution pour défendre la *privacy*.

Cette proposition paraît séduisante dans un premier temps, puisqu'un tel choix éviterait que s'applique le principe général qui veut que l'information appartienne à celui qui en effectue la collecte ou en assure la formulation. Mais, en fait, cette formulation n'est pas plus réalisée par l'individu que par l'entreprise ou l'administration gestionnaire de la base

12. BELLEIL A., *e-Privacy*, Dunod, 2001, p. 33.

13. ROTENBERG M., "Fair information practices and the architecture of privacy (What Larry doesn't get)", *Stanford Law Review*, 2001. Ce débat est également présenté dans le livre de GODELUCK S., *La géopolitique d'Internet*, La Découverte, 2002, pp. 137-143.

de données. Comme le note Pierre Catala, elle "dépend de la loi (dévolution du nom, détermination de l'état civil, du domicile...) ou bien elle s'attache de plein droit aux actes du sujet (acquisitions immobilières, état des comptes bancaires...)"[14]. Il convient plutôt de considérer les données personnelles comme un attribut de la personnalité, "bien que la personne concernée ne soit pas *auteur* de l'information, au sens de la mise en forme, elle est le titulaire légitime de ses éléments"[15]. Cette perspective de juristes français rejoint celle d'auteurs américains qui estiment que, de même qu'un individu ne peut pas vendre son vote ou des parties de son corps, il ne peut pas vendre sa *privacy*. Les droits fondamentaux de l'individu ne peuvent pas faire l'objet de transactions[16].

Si donc la position de Lessig ne fait pas l'unanimité, elle revient à abandonner au marché la protection de la *privacy*, ce qui peut étonner de la part d'un juriste qui a souvent plaidé pour une intervention de l'État dans la régulation d'Internet[17]. Selon Rotenberg, cela tient au fait que Lessig oublie toute une tradition, aussi bien américaine qu'européenne de défense de la *privacy*. Il est particulièrement intéressant d'examiner le cas du téléphone. Lors du lancement du service d'affichage du numéro appelant, les autorités de régulation ont généralement exigé que les opérateurs téléphoniques donnent la possibilité aux usagers de désactiver cette fonctionnalité appel par appel ou globalement. Pour ce faire, ces derniers ont dû modifier leurs logiciels. On est bien dans un cas où la loi a fixé des orientations qui se sont imposées au code. Dans le domaine des données, il existe également un nombre de textes importants que cela soit le *Privacy Act* (1974) aux États-Unis, la loi Informatique et libertés (1978) en France, la directive européenne sur les données (1995). Ces textes, qui sont souvent assez généraux, définissent de grands principes juridiques. Leur élaboration a souvent été associée à un débat public. Ils constituent donc une référence dans les représentations que le citoyen peut avoir de la *privacy*. Néanmoins, ces principes juridiques restent au total peu appliqués au niveau opérationnel. Il y a, comme nous l'avons indiqué plus haut, une distance considérable entre la loi et la réalité de l'usage des données informatiques personnelles.

La protection par la technique

Qu'il s'agisse d'alléger le fardeau du contrôle exercé par les autorités de contrôle ou de créer les conditions pour que les citoyens puissent exercer eux-mêmes, en ligne, les droits que la loi leur reconnaît, on pressent qu'il faut se tourner vers des solutions techniques.

---

14. CATALA P., "Ébauche d'une théorie juridique de l'information", *in Le droit à l'épreuve du numérique*, PUF, 1998.
15. BRUGIÈRE J.-M., "La diffusion de l'information publique : le service public face au marché de l'information", thèse de doctorat, université de Montpellier 1, juin 1998.
16. RADIN M.-J., *Reinterpreting Property*, Chicago University Press, 1996 et SHAPIRO A., *op. cit.*
17. Sur ces débats et notamment la controverse entre Lessig et David Post, voir FLICHY P., *L'imaginaire d'Internet*, la Découverte, pp. 201-205.

L'idée a surgi, très tôt, que la technologie pouvait constituer un rempart face aux risques que l'informatique fait peser sur la vie privée. Cette perspective est longtemps restée théorique. C'est avec l'essor d'Internet que cette perspective d'une protection de la vie privée par la technique a commencé à connaître ses premières réalisations, à travers la banalisation des outils de cryptographie, le développement de services d'anonymisation ou le projet P3P.

Sans doute convient-il de distinguer parmi les technologies protectrices de la vie privée, des technologies "externes", périphériques aux systèmes d'information eux-mêmes, indépendantes de ceux-ci, dont l'emploi dépend directement de l'utilisateur (cryptographie) ou qui sont mises en œuvre par des prestataires spécialisés (comme les services d'anonymisation), et celles qui sont "intégrées", incorporées, internalisées dans les systèmes d'information.

À ce jour, ne sont véritablement déployées ou utilisées que les technologies externes : elles sont mises en œuvre directement par

Panorama des outils technologiques externes de protection de la *privacy*[18]

- Progiciels de chiffrement des méls et des documents joints ;
- Stéganographie : technique qui consiste à dissimuler un message à l'intérieur d'un autre fichier ;
- Génération de méls temporaires. Le texte des courriers n'est plus lisible passé un certain laps de temps ;
- Génération de méls non rediffusables. Le destinataire du message ne peut pas le faire suivre à d'autres destinataires ;
- Services d'anonymisation de la navigation. Pour visiter les sites Web sans laisser de traces susceptibles de faciliter l'identification du visiteur ;
- *Remailer* (re-achemineur), service qui permet d'envoyer des messages sans que le destinataire puisse identifier l'émetteur ;
- Services d'anonymisation des interventions sur les forums de discussion ;
- Les gestionnaires d'identité virtuelle. Approche qui consiste à créer des personnalités virtuelles qui ne peuvent être rattachées à l'identité réelle de l'auteur. Ces personnes virtuelles peuvent alors consommer et communiquer sous un pseudonyme ;
- Cryptage des conversations en messagerie instantanée (*chat*) ;
- *Firewall* (logiciel pare-feu) personnel pour micro-ordinateur pour identifier la présence de *cookies* ou des *spywares*, voire pour en interdire l'accès ;
- Progiciels de suppression des "traces"" présentes sur l'ordinateur, par exemple les *cookies* ou le cache ;
- Progiciel de cryptage d'informations figurant sur le PC, par exemple les "favoris" ;
- Externalisation des données personnelles sur un disque dur distant ;
- Progiciels *anti-spam*, pour filtrer les courriers électroniques non sollicités.

18. BELLEIL A., *op. cit.*

l'utilisateur (cryptographie) ou par des prestataires spécialisés (comme les services d'anonymisation).

Le standard P3P, promu par le W3C[19], permet aux internautes de reconnaître automatiquement en se connectant à un site la politique de protection des données du site. D'une protection "individuelle" ou "marchande" (confiée à des prestataires), on passe, avec le P3P, à une forme de protection collective.

L'idée selon laquelle les principes de protection de la vie privée doivent être incorporés dans les systèmes techniques, "dans le code", pour reprendre l'expression de Lawrence Lessig[20], suscite un intérêt croissant. Pour les juristes américains qui théorisent cette approche d'une inscription du droit dans la technologie (le "code" rendant exécutoire la loi), il revient au débat public et, en dernière instance, à l'autorité politique de fixer des règles ou des objectifs : il appartient ensuite aux ingénieurs et aux entreprises de traduire ces règles et ces objectifs dans le fonctionnement des réseaux et des systèmes d'information.

Ce débat autour des thèses de Lessig et de Reidenberg n'a évidemment pas la même résonance en Europe et aux États-Unis.

Aux États-Unis, en l'absence d'un cadre juridique protecteur en matière de vie privée, c'est l'autorégulation qui prévaut. On attend, à première vue, de la technique qu'elle rende effectives (et dignes de confiance) les chartes et les codes de déontologie. La problématique américaine est en fait un peu plus complexe, car le modèle de l'autorégulation est encadré par deux autres :

- Une régulation "individuelle" : puisque la loi ne dit pas grand-chose, il revient aux personnes d'assurer elles-mêmes leur protection, contre les collectes sauvages de données et la surveillance électronique, en utilisant des outils techniques : les "*privacy enhancing technologies*" ;
- une régulation "servicielle" : le fait marquant, c'est l'émergence d'une nouvelle génération d'intermédiaires qui assurent des services de gestion des identités électroniques : assurant l'interface entre l'individu et les opérateurs (banques, commerce électronique), ils se posent en "tiers de confiance" et proposent à leurs clients une gestion personnalisée de leurs données personnelles : parmi les données personnelles que vous nous avez confiées, lesquelles souhaitez-vous communiquer, à qui, à quelle condition ?

Si on s'interroge, en Europe, sur la contribution de la technique à la *privacy*, c'est dans une tout autre perspective. L'objectif est de rendre effectif le contrôle exercé par les autorités de contrôle, de permettre aux citoyens d'exercer en ligne leurs droits.

Faisabilité de la protection des données personnelles au niveau du code

Le livre de Lawrence Lessig *Code and Other Laws of Cyberspace* a constitué une date importante dans la réflexion sur la régulation d'Internet.

19. *World Wide Web Consortium*, le principal organisme de standardisation de l'Internet.
20. LESSIG L., *Code and Other Laws of Cyberspace*, Basic Books, New York, 1999.

Le juriste américain a en effet montré que l'architecture des réseaux de communication informatique encadrait beaucoup plus profondément leur usage que ne pouvait le faire la loi. Si donc le code informatique est un élément de régulation plus puissant que le code juridique, il est essentiel que le citoyen participe à la définition des principes que le code va incorporer.

Est-il bien possible de protéger les données personnelles au niveau du "code", pour parler comme Lawrence Lessig ? Si le concept de "code" semble suffisamment précis pour l'entreprise de Lessig, qui dresse un panorama large et rapide de très nombreux domaines d'usage des technologies de l'information, il ne saurait cependant nous satisfaire, car il est trop large et protéiforme pour nous.

En effet, si l'on suit les conclusions de Lessig sur la réalité de la prééminence du "nouveau" code (informatique) sur "l'ancien" (juridique), reste à savoir comment, concrètement, il serait possible de protéger au niveau du "code" et non des règles juridiques les grands équilibres, et notamment la protection des données personnelles. Nous sommes ici amenés à quitter Lessig, qui s'arrête à l'affirmation de la nécessité d'imaginer des solutions au niveau du "code", pour examiner la faisabilité de telles solutions.

Code = architecture + composants

Au sein d'un système d'information, protéger les données personnelles revient à mettre en place des interfaces et des procédures qui interdisent d'accéder aux données personnelles contenues dans le système à tous ceux qui n'ont pas à les connaître. La protection de ces données (ou, au contraire, le manque de cette protection) est gérée par le "code", que l'on peut définir comme l'ensemble des dispositifs techniques (informatiques) utilisés dans le système.

Cependant, il convient de distinguer deux sous-ensembles au sein du code. Il s'agit d'une part de l'*architecture* du système et d'autre part des *composants*.

Par *architecture*, on entend les règles de fonctionnement spécifiques à un système d'information : organisation générale, règles d'accès, requêtes effectuées sur les données, structures des tables de données, paramétrage, maintenance, etc. Par *composants*, on entend les briques logicielles ou matérielles qui sous-tendent le système d'information : matériel, système d'exploitation, serveurs Web, logiciels d'identification, bases de données utilisées, protocoles mis en œuvre, pare-feu, etc.

On peut se figurer que les données personnelles sont au cœur du système d'information, ce dernier se plaçant entre elles et les utilisateurs, les protégeant et les mettant en relation contrôlée avec l'extérieur. La métaphore qui vient à l'esprit est celle d'un oignon et de ses pelures successives. Au cœur de l'oignon, les données sont d'autant mieux protégées qu'il y a des pelures nombreuses (*i.e.* que l'*architecture* soit bien conçue) et que chaque pelure est résistante (*i.e.* que les *composants* soient bien conçus).

Alors que l'architecture est naturellement spécifique au système d'information considéré, les composants sont (au moins en théorie) interchangeables et (de plus en plus souvent) développés de manière générique pour un usage large, pour des raisons de coût de développement et de maintenance. De ce fait, alors que l'architecture est définie par le possesseur du système d'information, les composants sont le plus souvent achetés à l'extérieur. En termes juridiques, les composants sont gérés par le biais d'un contrat d'utilisation passé entre le créateur de l'objet informatique et l'entité qui utilise le composant dans son architecture (la licence).

Ce mode de fonctionnement découle des méthodes de développement informatique et de mise en place des systèmes d'information : il n'est pas fait pour assurer la protection des données personnelles. En particulier, les fonctionnalités intégrées par les composants ne sont pas strictement celles nécessaires au fonctionnement du système, mais bien plus larges. Ainsi, un serveur Web avancé permet certes de publier des pages de textes au format HTML, mais également de gérer des scripts ou de manipuler des *cookies*, par exemple. C'est l'étendue des fonctionnalités des composants qui est souvent utilisée par les virus pour contaminer un système en utilisant une fonctionnalité non-utilisée, mais présente, pour s'infiltrer, par exemple. Au sein des systèmes d'information actuels, les composants sont donc extrêmement puissants et, non bridés, permettraient toutes sortes de manipulations sur les données personnelles.

Sur la base de la distinction que nous avons établie, la régulation des données personnelles au niveau du "code" peut donc se faire soit en régulant l'architecture, soit en régulant les composants. Ce sont les deux branches de cette alternative que nous allons analyser à présent.

Réguler l'architecture ?

Notre modèle traditionnel de protection des données personnelles est d'imposer des règles au niveau juridique. Cependant, très occasionnellement et dans les cas les plus complexes, la CNIL a déjà imposé des règles au niveau de l'architecture. Par exemple, en interdisant aux administrations fiscales d'utiliser le NIR (le numéro de Sécurité sociale), la CNIL a obligé ces dernières à créer un nouvel identifiant, et à en faire le pivot de leur système d'information vis-à-vis des particuliers.

La régulation par l'architecture serait-elle donc suffisante ? Elle pose cependant des problèmes difficiles, au fur et à mesure que les composants sont de plus en plus puissants : elle revient en effet à munir les acteurs d'armes très puissantes, tout en leur interdisant de les utiliser à plein, ce qui nécessite une vigilance de tous les instants. Ce qui était possible dans un contexte où les organisations utilisant des systèmes d'information étaient rares et de grande taille est beaucoup plus difficile au fur et à mesure que les systèmes d'information se répandent partout.

Les possesseurs de systèmes connaissent de plus en plus mal les solutions complexes qu'ils utilisent. Beaucoup se mettent en faute sans l'avoir particulièrement prémédité, simplement par méconnaissance des règles ou par trop grande facilité d'utilisation de composants puissants. On pourrait multiplier les exemples de ce type de dérives, comme celui de ce jeune policier australien qui a effectué quelque 6 900 recherches dans des bases de données policières sur ses flirts potentiels, principalement par ennui[21].

De surcroît, dans un contexte technique, économique et politique mouvant, les engagements pris sur l'architecture peuvent ne pas être durables. L'arrivée des moteurs de recherche plein texte, par exemple, rend possibles des recherches massives au sein des documents d'un serveur de fichiers, les rendant à peu près transparents pour la recherche d'informations personnelles –ce qui était totalement impossible auparavant.

La protection des données par la régulation de l'architecture s'avère donc mieux adaptée à l'informatique d'hier, centralisée et coûteuse, qu'à celle d'aujourd'hui, banalisée et standardisée. Pour autant, il ne semble pas que la CNIL se soit déjà préoccupée des composants utilisés au sein d'une architecture, estimant qu'ils ne pourraient l'être que d'une manière bridée par l'architecture autorisée. Récemment, cependant, d'autres régulateurs ont commencé à analyser certains composants au regard de la protection des données personnelles. Ainsi, la Commission européenne a entamé en mai 2002 une procédure d'examen des mesures de protection des données personnelles de Microsoft Passport, qui est un composant générique d'authentification.

L'État s'est plus souvent intéressé aux composants pour son usage propre. Ainsi, aux États-Unis, alors que la Constitution garantit (4e amendement) "*the right to the people to be secure in their persons, houses, papers and effects, against unreasonable searches and seizures*", les responsables de l'exécutif ont souvent essayé d'imposer des standards techniques qui permettraient techniquement à la police de lire des messages privés auxquels elle n'a pas légalement accès. Ce fut le cas, dans les années 1990 du projet *Clipper Chip* de l'administration Clinton, qui donnait à la police la possibilité d'accéder par une "*back door*" aux communications cryptées, c'est également le cas de l'*USA Patriot Act* que l'administration Bush a fait voter peu après le 11 septembre.

Reste à examiner la manière dont la protection des données personnelles pourrait concrètement s'effectuer au niveau des composants.

Protéger les données personnelles au niveau des composants

Les composants sont des outils fermés (ou, du moins, qui ne sont pas faits pour être ouverts en utilisation normale) remplissant une fonction précise au sein d'un système d'information. Ils ont avec l'utilisateur, avec les données au sein du système et avec les autres composants des relations organisées par des protocoles de communication. On peut donc les représenter, s'ils contrôlent l'accès à des données, comme un coffre

21. *Constable admits using police database for personal reasons*, Australian Brodcasting Corporation, 2 mars 2000, http://www.abc.net.au/am/s105272.htm.

renfermant un trésor. De la même manière que l'on peut placer un cadenas sur un coffre, ouvrable seulement avec la bonne clef, il semble donc possible d'implanter, au sein même du composant, des règles protégeant les données personnelles. Encore faut-il savoir contre quels risques il s'agit de les protéger.

Lessig distingue deux types de risques liés aux données personnelles : le *monitoring* des comportements de navigation et d'interaction avec les systèmes d'information, qui permet l'accumulation progressive de données personnelles sur les individus, et la *fouille* des données personnelles conservées par une organisation. De ces deux risques découlent deux problèmes dans leur protection par des méthodes traditionnelles.

En premier lieu, même si les règles juridiques prévoient la possibilité pour chacun d'interdire que sa navigation soit observée (*monitoring*), l'incohérence potentielle des choix de protection faits par un individu le conduit à se surprotéger vis-à-vis de certains acteurs tout en laissant des failles vis-à-vis d'autres, par négligence ou par lassitude. Ce problème est très général et repose sur une classe banale de composants : le module d'identification du site Web sur lequel il navigue.

En second lieu, il est impossible pour un individu de contrôler la diffusion entre tiers des données qui le concernent sans recourir à un dispositif technique, ce qui le rend particulièrement vulnérable à la fouille de données progressivement rassemblées sur lui à mesure de ses contacts avec une organisation conservant ces données, par exemple. La diffusion de données au sein d'une organisation repose, le plus souvent, sur des dispositifs simples et peu structurés, assimilables à l'échange de courriers électroniques entre différents personnels de l'organisation. C'est pourquoi, à nouveau, une classe banale de composant se trouve au cœur de la diffusion de ces données personnelles : le lecteur de courrier électronique utilisé par l'organisation.

À travers ces deux exemples, on voit apparaître des pistes pour protéger les données personnelles au niveau des composants, quelle que soit l'organisation qui les utilise ensuite. Dans le premier cas, il s'agirait d'une base de données (associée à un serveur Web) qui autorise systématiquement l'internaute à interroger la structure des tables et le type des données personnelles qu'il stocke ; dans le second, d'un client de courrier électronique qui vérifie qu'il a l'autorisation de l'ensemble de la chaîne des émetteurs d'ouvrir un courrier électronique avant de procéder à cette ouverture.

La suite de cette section est consacrée à esquisser des solutions techniques à ces deux problèmes, afin de montrer qu'il est bien *possible* de protéger les données personnelles au niveau des composants. Cette démonstration faite, il restera encore à savoir comment pousser les créateurs de composants à intégrer ce type de protection au sein de leurs programmes.

Exemple 1 : se protéger contre le monitoring

De P3P à un outil logiciel de lutte contre l'incohérence des choix de protection

Rares sont les entreprises qui, aujourd'hui, ne collectent pas des données personnelles sur leurs clients. Des actes aussi banals que s'inscrire à une liste de diffusion d'information, acheter un produit en ligne ou utiliser les services d'un hébergeur gratuit se traduisent à peu près systématiquement par l'abandon au prestataire de telle ou telle information sur soi. Les données qui sont demandées peuvent être différentes d'un site à l'autre, les garanties offertes hétérogènes –notamment en ce qui concerne la cession des données récoltées à des tiers.

Le plus souvent, tous les éléments permettant d'évaluer le risque en matière de protection des données personnelles sont disponibles sur le site. Cependant, la banalité des questions posées et la faible valeur ajoutée de l'acte que l'on souhaite accomplir, et pour lequel il faut donner ces informations, rendent insupportables un examen approfondi de ces garanties.

De surcroît, il est à peu près impossible, à moins de s'astreindre à une autodiscipline sévère, de savoir à chaque instant quelles sont les données qui me concernent et qui figurent chez telle ou telle entité, que je les lui aie moi-même apportées ou qu'elle les ait acquises auprès d'un tiers. Le nombre des entreprises et des administrations qui possèdent des données sur moi se compte en centaines ; la fréquence de leurs interactions avec moi est le plus souvent de l'ordre du mois ou de l'année.

Le *profil de protection* des données personnelles auquel on aboutit est donc extrêmement complexe, puisqu'il s'est constitué progressivement, au gré de décisions locales et peu articulées ; le risque n'est pas mince qu'il soit également en partie oublié. Rien ne vient donc garantir que ce profil de protection est *cohérent*, c'est-à-dire que la même donnée personnelle est protégée de la même manière vis-à-vis de deux acteurs équivalents. Ainsi, au gré de ma navigation, j'ai pu indiquer ma date d'anniversaire à un fleuriste en ligne, tout en la refusant à un autre ; j'ai pu m'inscrire sous mon vrai nom à un service de courrier électronique gratuit, et choisir un pseudonyme pour un autre...

On peut faire un parallèle avec la protection d'un réseau informatique par contrôle d'accès ou par pare-feu : si les règles s'accumulent et sont de plus en plus fines, détaillées, personnalisées, complexes, spécifiques, la sécurité finit par s'en ressentir car il est rapidement impossible de reproduire en temps réel, au sein de l'ensemble des règles, tous les mouvements (de fonctions et de personnel) au sein de l'entité réelle. L'incohérence détruit la sécurité, tout en donnant le sentiment de la sécurité.

Rapidement, je n'ai plus aucune garantie sur la réalité de la protection que je me suis efforcé de maintenir, ce qui a deux conséquences. D'une part, les "fuites" dans cette protection attaquent effectivement ma vie privée ; d'autre part, réalisant cet état de fait, je suis conduit à réduire au maximum, de manière excessive ou même paranoïaque, mes échanges de données avec les acteurs de l'Internet.

C'est typiquement ce qui se passe quand je refuse de donner en ligne mon numéro de Carte bleue : je le donne, dans des conditions infiniment moins fiables, plusieurs fois par jour à divers commerçants, mais l'absence de moyen simple et informatique de rapprocher les achats effectués sur Internet de mon relevé de compte bancaire (tel que me le présente ma banque) m'inquiète. Non qu'un tel rapprochement soit impossible : il suffirait que ma banque me prévienne à chaque achat (et non une fois par mois) par courrier électronique (et non par lettre) pour que je puisse facilement contrôler l'exactitude de l'achat.

Ce problème n'a pas échappé aux instances qui s'efforcent de faire progresser l'Internet. Le *World Wide Web Consortium* (W3C) a entrepris de développer, depuis plusieurs années, un protocole standardisé destiné à faciliter la gestion des données personnelles : la *Platform for Privacy Preferences* (P3P).

L'objectif de P3P est de donner à chaque individu les moyens de contrôler, en amont de toute interaction, ce qu'il est disposé à dévoiler ou non. En offrant un langage unifié de description des règles de diffusion des données personnelles, P3P doit permettre à chacun d'améliorer la compréhension –et de ce fait le contrôle– qu'il exerce sur la diffusion de ses données personnelles. Dans le cadre de l'administration électronique, il faut souligner que, si P3P vise à donner à chaque individu la maîtrise de ses choix en matière de données personnelles, elle n'en est pas moins compatible avec l'obligation de dévoiler certaines données aux administrations.

Les premiers produits utilisant P3P sont aujourd'hui disponibles, et les dernières versions des principaux navigateurs (Microsoft Internet Explorer 6, Mozilla 1, etc.) offrent un support de P3P –c'est-à-dire qu'ils sont capables de reconnaître des informations au format P3P et d'effectuer des actions en fonction du profil souhaité par l'individu.

On aurait cependant tort de ne voir dans P3P qu'un outil au service des individus dans la défense de leurs données personnelles. P3P substitue à la solution binaire habituelle –ou vous vous dévoilez totalement ou vous n'avez pas accès au service de l'acteur qui vous demande ces données– un panel d'actions en partie automatisées, sur la foi de la politique P3P de chaque site ; il permet également de pré-remplir automatiquement les formulaires de demande de données personnelles, par exemple –il ne reste plus qu'à cliquer.

P3P à lui tout seul ne suffira donc pas à améliorer la protection des données personnelles, même s'il est une pièce intéressante. Il est en réalité possible, et même probable, que la diffusion de P3P aura non seulement pour conséquence de rendre plus cohérente la gestion par chaque individu de ses données personnelles, mais aussi d'abaisser le niveau moyen de cette protection. Car, de fait, si l'internaute a le choix, dans la majorité des cas il retiendra le niveau de *privacy* choisi par l'entreprise et seule une minorité experte d'utilisateurs sensibles aura la capacité de changer les règles. Marc Rotenberg, qui fait une telle critique de P3P, en conclut : "*The code is flawed. It fails to provide protection comparable to that which is provided in law. It shifts privacy burdens in a manner disadvantageous for citizens. It is potentially misleading to users and it could provide a way for institutions to get out from under their obligations to comply with legal code.*"[22]

22. ROTENBERG M., op. cit.

Il est cependant possible de construire, sur la base de P3P, des outils logiciels qui amélioreraient cette fois-ci directement la protection des données personnelles en offrant à chacun un "tableau de bord" des fichiers dans lesquels il figure et à quel titre. Si la création d'un tel tableau de bord est difficile à imaginer d'emblée pour le secteur privé, la sphère publique pourrait tout à fait le mettre en place dans un premier temps pour son seul compte.

De quoi s'agirait-il ?

L'impossibilité de connaître, à un moment donné, l'ensemble des fichiers nominatifs dans lesquels on figure et le type de données recueillies par chacun (et moins encore les données elles-mêmes, même si ces dernières sont soumises à la loi qui impose l'information et la vérification) est au cœur du renoncement des individus à une gestion active et cohérente de leurs profils de données. La CNIL est pourtant censée conserver un "fichier des fichiers", qui doit regrouper l'ensemble des informations sur les fichiers nominatifs créés. La CNIL a d'ailleurs mis en place une téléprocédure de déclaration de ces fichiers. En revanche, ce "fichier des fichiers" n'est pas accessible en ligne. Sa mise à disposition du public sur Internet serait pourtant un premier pas vers la définition d'un label de qualité et de confiance envers les entités qui recueillent des données sur les citoyens.

Outre les informations de base sur chaque fichier, la version en ligne du "fichier des fichiers" pourrait pointer, pour chaque fichier, vers la politique de protection des données (au sens P3P du terme) qui le décrit sur le site de l'organisation qui le maîtrise. Des outils permettant, de manière anonyme, de rechercher les fichiers dans lesquels on a une chance de figurer pourraient également être fournis aux internautes.

Au-delà, il serait également envisageable de tester à partir du profil P3P de l'internaute, pour chaque fichier répertorié, s'il figure ou non dans le fichier et, éventuellement, quelles sont les données qui figurent sur lui dans le fichier. Une simple confrontation avec le profil P3P de l'individu qui consulte le fichier permettrait alors de mesurer l'adéquation entre les données effectivement recueillies et ce qu'aurait donné l'application de son profil. Cela nécessite évidemment que le fichier de données personnelles soit accessible de manière sécurisée à partir d'Internet, sur le site de l'organisation, ce qui est de plus en plus souvent le cas, dans le cadre du droit d'information et de rectification.

Les pièces logicielles assurant cette fonctionnalité sont essentiellement les outils P3P adéquats, qui existent à ce jour. Cependant, la politique P3P reste aujourd'hui un document déclaratif, qui n'est pas généré automatiquement par la base de données conservant les données personnelles du site. C'est là où la protection au niveau des *composants* pourrait prendre le relais de la protection au niveau de l'architecture. Il s'agirait de rendre la génération de la politique P3P automatique. Pour cela, il suffirait que la base de données du site considéré autorise les interrogations (dans la syntaxe P3P) de son moteur sur les données qui figurent dans la base (sans accéder pour autant à la donnée elle-même).

Il est tout à fait possible de faire en sorte qu'un logiciel de base de données adapté au Web propose, en standard, une telle requête sur l'ensemble de ses tables.

Ce serait alors le fonctionnement de la base de données lui-même, sans intermédiaire humain, qui garantirait l'accès de chacun à l'information concernant les données personnelles gérées dans la base. Il serait ainsi possible de créer un système complet donnant à chaque individu les moyens de contrôler et de rendre cohérente sa politique de protection de ses données personnelles.

Exemple 2 : se protéger contre la fouille – un logiciel pour contrôler la diffusion des données entre tiers

Tournons-nous à présent vers l'autre problème que nous avons souligné : la "transitivité" des échanges sur Internet, qui fait que, une fois que l'on a confié des données personnelles à un premier interlocuteur, on n'a plus de garanties techniques sur ce que cet interlocuteur fait de ces données –et notamment sur la rediffusion qu'il en fait.

Pour contrôler la diffusion des données entre entités tierces, il s'agit de faire en sorte de maintenir un lien entre la personne concernée et les données qui la décrivent, alors même que la donnée a quitté cette personne. Comme le dit Lawrence Lessig, "*any search must be disclosed – individuals must be given notice that their space has been searched*".

On peut imaginer des solutions architecturales ou logicielles. Au niveau de l'architecture, il s'agit de substituer à la libre circulation des données l'obligation de "repasser par la case départ", ou plutôt par l'ordinateur de l'individu concerné par les données en question. Cette architecture "en étoile" semble cependant nier la circulation sans point central qui est le moteur de l'Internet. C'est pourquoi une solution au niveau des *composants* peut être mieux adaptée.

On peut ici s'inspirer de solutions qui existent déjà dans le domaine du courrier électronique. Les outils de cryptographie asymétrique appliquée au courrier électronique, fondés sur la RFC2440 de l'IETF, permettent ainsi de rendre un courrier électronique lisible exclusivement par la personne à laquelle on l'adresse, en le cryptant avec sa clef publique. On peut aller plus loin, grâce à des outils comme Mailx3 (ex-Quantamail) ou lettrerecommandee.fr, par exemple, qui permettent de rendre illisible un courrier électronique après qu'il a été lu (une fois) par son récepteur, par exemple. Il ne s'agit plus ici de repasser par l'ordinateur de l'individu ayant envoyé le courrier, mais d'utiliser l'infrastructure technique d'un intermédiaire, qui offre des garanties de disponibilité et de sécurité.

Les annonces faites par Martin Vial, président du groupe La Poste, à Hourtin, en août 2002, sur la disponibilité progressive d'un service de lettre recommandée entièrement virtualisé vont dans le même sens.[23]

23. "Le Groupe La Poste lance la lettre recommandée électronique", communiqué de presse du 29 août 2002, http://www.laposte.fr/decouvre/presse/communique.php?id=462).

En quittant le domaine du courrier électronique, on peut imaginer des mécanismes analogues au sein d'une base de données. Il s'agirait, pour aller vite, de conserver la donnée sous forme cryptée et de faire en sorte que l'usage de la clef de décryptage ne puisse se faire sans que la personne concernée par les données ne soit prévenue (et éventuellement que l'on ait vérifié son consentement). On pourrait ainsi imaginer un moteur de base de données conservant les données sous une forme entièrement cryptée (c'est le cas par exemple pour le code secret au sein d'une carte de crédit) et devant, pour décoder le résultat de chaque requête, s'adresser à un serveur de clefs extérieur (éventuellement contrôlé par une autre entité) alertant selon des règles spécifiques la personne concernée par ces données de la requête et recueillant éventuellement son consentement (ou celui d'un automate P3P qu'elle contrôle) avant de délivrer la clef. Ces échanges seraient évidemment également cryptés en flux (SSL).

À nouveau, on constate qu'il est possible de mettre en place les logiciels nécessaires pour garantir au niveau des composants la protection des données personnelles. Dans les deux cas que nous avons rapidement analysés, cette protection repose sur une modification des outils utilisés au cœur des systèmes d'information, notamment le fonctionnement des moteurs de base de données, pour leur adjoindre des limitations intrinsèques interdisant leur utilisation à l'encontre de la protection des données personnelles.

L'annonce faite par Microsoft en juillet 2002 du projet Palladium, qui associe le *leader* du logiciel et les deux principaux fabricants de processeurs pour PC, Intel et AMD, va encore plus loin dans cette même direction, même si elle reste à ce stade relativement floue. Selon John Manferdelli, *general manager* de la Microsoft "Palladium" Business Unit, "*Palladium will allow users to determine the personal information they reveal online because it allows the user to operate in different "realms" within their PC. Like a set of vaults, realms provide users the assurance that they can securely keep private and public information separate. Each realm will have its own distinct identifiers, policies, and categories of data. This will allow users to provide the credentials necessary to make online transactions while preventing identity theft and unauthorized access to personal data –such as credit-card numbers– from the user's PC or other device. (...) Palladium is a new hardware and software architecture. This architecture will include a new security computing chip and design changes to a computer's central processing unit (CPU), chipsets, and peripheral devices, such as keyboards and printers. It also will enable applications and components of these applications to run in a protected memory space that is highly resistant to tampering and interference.*"[24]

Il s'agirait donc ici d'assurer la sécurité et la protection des données par un ensemble de fonctionnalités au niveau matériel (microprocesseur spécifique) et du système d'exploitation.

24. http://www.microsoft.com/presspass/features/2002/jul02/07-01palladium.asp.

Conséquences sur les logiciels utilisés

Mettre en place de manière crédible ces limitations n'est pas sans conséquence sur les logiciels utilisés, d'une part, et sur les régulations sociales à mettre en place, d'autre part.

En effet, pour que la protection effectivement obtenue au niveau des programmes soit à la hauteur des engagements, il est impératif que les utilisateurs aient toute certitude sur le bon fonctionnement des programmes utilisés (notamment qu'il ne s'agisse pas de versions détournées). Le fait que ces programmes soient réalisés à l'extérieur de l'entité contrôlant les données est une première garantie, qui peut être renforcée si le programme est *open source*, permettant une vérification de son bon fonctionnement, et si l'exécutable est signé et peut faire l'objet d'un contrôle d'intégrité sur le serveur opérationnel de l'entité. L'ouverture des logiciels est également une garantie face aux projets des services de police de lire la correspondance privée (*cf.* le débat sur la "*clipper chip*" évoqué plus haut).

Un niveau supérieur de garantie impliquerait que les outils permettant la mise à disposition contrôlée des données d'un individu soient directement sous son contrôle. Il s'agirait de faire en sorte que les données personnelles ne soient plus conservées par les interlocuteurs d'un individu, et donc dupliquées *ad infinitum*, mais que celui-ci puisse attribuer des droits (le plus souvent révocables) à accéder de manière ponctuelle à des données personnelles stockées sur son ordinateur ou celui d'un intermédiaire, sans autorisation de les stocker. Cette idée rejoint la proposition de "coffre-fort électronique" défendue en son temps par l'ancien ministre français chargé de la réforme de l'État, Michel Sapin[25].

Sous ces réserves techniques, il apparaît donc possible d'utiliser le code informatique pour faire appliquer les principes juridiques de protection de la vie privée. On retrouverait ainsi, l'intuition qui est à la base du livre de Lessig. Mais plutôt que "*code is law*", il semblerait que le code informatique soit homologue au règlement. Ce ne serait donc pas le travail du législateur qui serait remplacé par celui de l'informaticien, mais celui de l'administration : la mise en place des orientations décidées par le législateur passerait plus, aujourd'hui et demain, par la création de systèmes d'information, que par la création de procédures administratives (circulaires, arrêtés, etc.). La situation actuelle, qui superpose la "couche juridique" à la "couche technique", n'est pas satisfaisante puisqu'elle implique la désynchronisation fréquente entre les deux "couches" : les difficultés récurrentes dès qu'il s'agit de modifier, en France, la législation fiscale semblent témoigner de la prédominance déjà acquise par le nouveau code sur l'ancien.

Un transfert complet de l'activité réglementaire vers le "code" supposerait néanmoins résolus trois types de problèmes sociaux ou sociétaux.

25. SAPIN M., Discours à l'université d'été de la communication d'Hourtin, 21 août 2001, http://www.vie-publique.fr.

Tout d'abord, il appartiendrait à l'État ou à l'autorité indépendante de vérifier que les logiciels ont bien incorporé les principes du droit. Cela nécessite, non seulement que l'État possède ou puisse disposer de ce type de compétences, mais également que les producteurs de logiciels en fournissent le code source. L'utilisation de logiciels libres, dont le code est librement accessible par tous, contourne en partie cette difficulté.

En deuxième lieu, cette incorporation du règlement dans le logiciel risque d'accentuer la coupure entre les experts informaticiens, qui auront la compétence technique pour comprendre les règles de *privacy,* et les autres citoyens. Un effort important d'explicitation du mode opératoire de ces logiciels sera donc essentiel.

Plus fondamentalement, il s'agirait d'une modification essentielle des rapports entre la loi et le citoyen, puisque ces logiciels seraient à la fois une sorte de texte réglementaire sous forme informatique et un instrument de mise en application de la loi. Le citoyen n'aurait plus à appliquer la loi, mais le logiciel le ferait à sa place. Cette automatisation de l'application de la loi ne risque-t-elle pas de retirer au citoyen son libre-arbitre ? Il faudrait à tout le moins la compléter par la mise à disposition de documents et d'outils pédagogiques suffisants.

Malgré ces difficultés, l'incorporation des règles de la protection des données personnelles au sein des "composants" logiciels permettrait de mieux prendre en compte la demande des utilisateurs des systèmes d'information de mieux garantir le respect de la vie privée. Elle est appelée à se développer, au moins en complément à la protection "juridique", dans les années à venir.

Conclusion : un parallèle inattendu avec la propriété intellectuelle

Il n'en reste pas moins que la complexité technique des outils à mettre en œuvre est considérable. Un parallèle inattendu apparaît alors avec la protection de la propriété intellectuelle.

L'objectif des propriétaires de contenus dans la diffusion numérique des œuvres soumises à leur propriété intellectuelle est que ces *contenus* soient *parfaitement volatils* (au sens des gaz ou de la mémoire informatique, qui s'efface dès que l'on coupe le circuit) circulant dans des *tuyaux parfaitement étanches*. Au paradis des défenseurs de la propriété intellectuelle, une œuvre ne doit pouvoir, après achat de ce droit, être vue, lue, écoutée ou utilisée qu'une fois, puis se détruire immédiatement après (volatilité) ; elle ne doit pouvoir être transférée à personne et ne pas pouvoir être interceptée pendant son transport (étanchéité). C'est tout l'enjeu des outils de protection technique de la propriété intellectuelle, dont le format d'encodage des DVD ou les formats musicaux incluant des *watermarks* (LiquidAudio, par exemple) sont les tentatives les plus récentes.

Un parallèle inattendu se dessine avec la protection des données personnelles, qui nécessiterait des *données parfaitement volatiles* circulant dans des *tuyaux parfaitement étanches*. Au paradis des défenseurs de la vie privée, une donnée ne doit pouvoir être vue, lue, écoutée ou utilisée qu'une fois et se détruire immédiatement (volatilité) après ; elle ne doit pouvoir être transférée à personne et ne pas pouvoir être interceptée pendant son transport (étanchéité).

Bien entendu, les considérations menant à ces positions sont totalement différentes dans le cas de la propriété intellectuelle et dans celle des données personnelles. On n'a donc pas à accepter la protection technique de la propriété intellectuelle pour souhaiter la protection technique des données personnelles. De même, cette proximité technique n'entraîne en aucun cas de proximité juridique. Aller chercher des solutions techniques dans le domaine de la propriété intellectuelle ne veut pas dire pour autant que l'on propose de concéder aux individus un droit de propriété sur leurs données personnelles. Mais il y a là matière à optimisme : les technologies émergentes pour la protection de la propriété intellectuelle pourront être réutilisées directement dans la protection des données personnelles.

■

Le protocole *safe harbour* ou les oppositions américaines et européennes de la protection de la vie privée

Jean Gonié*

Les différences de culture et de société entre les États-Unis et l'Europe sont souvent mises en avant pour expliquer certaines incompréhensions ou différences qui existent entre les deux continents. Quand on ajoute à ces différences des particularismes juridiques, on aboutit à la signature, le 26 juillet 2000, d'un accord très particulier connu sous le nom du protocole dit de *safe harbour.* Cette formule, que l'on pourrait traduire en Français par protocole de la "sphère de sécurité" (ou même parfois pour les plus poétiques par "havre de paix"), est censée être l'un des aboutissements emblématiques de la mise en place au niveau mondial d'une certaine idée européenne de protection des données personnelles.

Le 24 octobre 1995, l'Union européenne adopte la directive 95/46/CE relative à "la protection des données personnelles et à la libre circulation de ces données". Le but de cette directive est simple : réduire les divergences entre les législations nationales sur la protection des données afin de lever tout obstacle à la libre circulation des données à caractère personnel à l'intérieur de l'Union européenne.

En ce qui concerne le transfert vers des pays non membre de l'Union européenne, le principe retenu par la directive est que le transfert des données ne peut être autorisé que si "le pays tiers en question assure un niveau de protection adéquat".

La Commission européenne a donc effectué une approche au cas par cas et a, par exemple, décidé, le 26 juillet 2000, que la Suisse et la Hongrie proposaient un niveau de protection adéquat.

En ce qui concerne les États-Unis, les négociations étaient particulièrement difficiles car les Américains n'ont absolument pas la même vision de la protection des données. Pour eux, priorité est donnée à l'autorégulation par les opérateurs par le biais de chartes ou codes de bonne conduite élaborés par les entreprises elles-mêmes en interne. Il existe, certes, de nombreuses lois sectorielles qui protègent la vie privée, mais leur manque de cohérence et de visibilité a fait que la Commission

* Juriste, chargé de mission au Forum des droits sur l'Internet.
Www.foruminternet.org/texte/index.phtml

européenne a longtemps estimé que les États-Unis ne disposaient pas du niveau de protection adéquat exigé par la directive de 1995.

Cependant, pleinement consciente qu'il est difficile de se passer d'un partenaire commercial comme les États-Unis, la Commission a engagé, dès 1998, des négociations dans le but de trouver à terme un accord autorisant le libre transfert de données venant d'outre-atlantique.

Les *safe harbour principles*, élaborés dès 1998 par les États-Unis, visent précisément à définir un niveau de protection proche de celui de la directive européenne. Le dispositif mis en place prévoit que les entreprises américaines qui ont volontairement adhéré à ces *principles*, sont présumées offrir un niveau de protection adéquat. Finalement, c'est dans sa troisième décision du 26 juillet 2000 que la Commission adopte les règles du *safe harbour*.

Les principes retenus sont l'aboutissement d'un consensus entre l'approche européenne, privilégiant un contrôle effectué par des autorités administratives, et l'approche américaine centrée sur l'autorégulation.

Les entreprises américaines qui choisissent d'adhérer aux principes du *safe harbour* prennent officiellement l'engagement de respecter un certain nombre de règles qui reprennent, dans les grandes lignes, celles posées par la directive de 1995. En acceptant ces principes, les entreprises adhérentes acceptent donc un certain nombre d'engagements.

Elles s'engagent ainsi à informer les personnes des raisons de la collecte et de l'utilisation des données personnelles ainsi collectées (finalité du traitement). Elles s'engagent également à offrir aux personnes concernées la faculté de s'opposer à un usage des données qui serait incompatible avec les finalités du traitement et le droit de s'opposer à la communication de ces données à des tiers pour tout autre usage que la finalité initiale. Elles s'engagent à ne collecter des données sensibles qu'avec le consentement exprès des personnes concernées. Elles doivent enfin prévoir l'exercice d'un droit d'accès et de rectification, s'engager à ne céder des données personnelles qu'à d'autres entreprises adhérentes au *safe harbor* et également garantir la sécurité du traitement et l'intégrité des données enregistrées. Par ailleurs, une entreprise adhérente qui ne respecte pas ces engagements, peut faire l'objet de poursuite devant la *Federal Trade Commission* (FTC).

On le voit, ces principes sont proches de ceux qui animent la loi Informatique et Libertés de 1978 (principes de finalité, de proportionnalité, droit d'accès, etc.).

Et pourtant, cette "sphère de sécurité" devrait plus véritablement être définie comme étant une sphère à responsabilité et à portée limitée.

Tout d'abord, ce protocole est peu contraignant pour les États-Unis car ce n'est pas un accord général et il n'a pas de portée obligatoire. Le principe qui le régit ce protocole étant celui du volontariat, sa portée dépend principalement du comportement des entreprises américaines.

À cette absence de contrainte il faut ensuite ajouter une défiance latente vis-à-vis de la notion européenne de la protection des données, Clifford Stearns, président de la sous-commission du commerce et de la protection des consommateurs n'affirme-t-il pas qu'"adopter les standards européens sur la protection de la vie privée pourrait avoir un impact potentiellement négatif sur le commerce" ?

Ces éléments font que le protocole de *safe harbour* a du mal à réellement s'imposer auprès des entreprises américaines puisqu'à peine deux cents d'entre elles y ont adhéré (dont Hewlett-Packard, Intel, Microsoft...), chiffre tout à fait dérisoire si on le compare à celui des entreprises qui transfèrent quotidiennement des informations nominatives aux États-Unis.

Cependant, même si peu d'entreprises ont adhéré et que sur un certain nombre de points les principes de la directive de 1995 sont moins bien respectés, le fait même que la première puissance commerciale ait accepté de le signer et de d'y inclure certains principes de protection propres à l'Union européenne est déjà un premier pas. D'ailleurs, ces tentatives d'exportation d'une idée européenne de protection des données continuent puisque, sur le modèle de cet accord conclu avec les États-Unis, la Commission européenne a signé des protocoles similaires avec d'autres pays (comme par exemple avec le Canada en janvier 2002, ou encore avec le Japon ou l'Australie).

Enfin, même si une dynamique se met en place et qu'il est important de continuer à défendre une idée, qui n'est pas uniquement propre à l'Europe, d'une protection maximale des données personnelles, il faut garder pleinement à l'esprit qu'il est fort délicat de faire fi non seulement des différentes cultures juridiques mais aussi et surtout des contingences commerciales et de l'existence de nombreux paradis de données (les entreprises sont les premières concernées) ; espérons que l'on arrive un jour à un "havre de paix" dans ce domaine...

■

Les enjeux du dossier médical informatisé

DELIS*

Les technologies de l'information et de la communication (TIC) se développent rapidement dans le domaine de la santé, notamment en matière :

- de gestion administrative et financière, d'organisation des soins, de contrôle par la Sécurité sociale (système d'information hospitalier, PMSI, comptabilité, gestion de cabinet...) ;
- de gestion des données médicales : dossier médical individuel du patient, données issues des plateaux techniques (radiologie...), échanges entre professionnels de santé ;
- de gestion des connaissances médicales dans une optique d'amélioration de la qualité des soins (aide à la consultation et à la décision thérapeutique, banque d'informations médicales...) et d'information du patient (sites thématiques) ;
- d'exploitation collective, commerciale ou non, fondée sur la collecte et l'analyse de données individuelles à une grande échelle (santé publique, intérêts commerciaux notamment la gestion des risques, marketing...).

La mise en œuvre progressive de ce vaste dispositif fait que le dossier médical informatisé est une pièce maîtresse, à la fois dans la logique du système de santé (administration du système de soins, évaluation, gestion comptable, etc.) et dans la logique du patient (accès de chacun à son dossier médical conformément à la revendication des associations). Toutefois, les progrès attendus grâce à ce dossier informatisé ne doivent pas masquer certaines contradictions et certains risques du point de vue du patient et du citoyen.

Les usages du dossier médical en question

Des usages individuels

Le fantasme informationnel du dossier médical

En médecine ambulatoire ou à l'hôpital, le dossier médical est aujourd'hui à la fois un outil de travail pour le praticien et un moyen

* Droits et libertés face à l'informatisation de la société - http://www.delis.sgdg.org - contact@delis.sgdg.org - Tél. : 01 43 73 32 82 - DELIS c/o Ligue des droits de l'Homme 138, rue Marcadet 75018 Paris. Voir présentation de DELIS, p. 169.
Texte rédigé par DELIS Santé - Paul Jacquin, Annie Marcheix, Pierre Suesser.

d'archivage d'informations médicales –cliniques et para-cliniques, biographiques et sociales– constituées au cours du suivi médical. Il paraît utile de souligner les notions d'incertitude, de relativité, d'obsolescence, de non-exhaustivité de son contenu.

En pratique, l'observation médicale de la même personne par deux praticiens différents pourra être très différente, y compris dans ses conclusions. Ce qui figure dans le dossier n'est qu'un reflet de l'état de santé d'un patient tel que l'a perçu et analysé le professionnel de santé, dans le cadre évolutif de la relation de soin. Lorsqu'il s'agit de transmettre des informations de santé vers une autre structure de soins, le médecin ne peut se contenter d'une simple copie d'extraits du dossier. Il doit au contraire se livrer à un travail de reconstruction en prenant du recul par rapport au contenu du dossier, et de sélection en fonction de l'intérêt du patient et de son droit au secret médical.

Les projets actuels de standardisation du contenu des dossiers médicaux et de codage des pathologies tentent d'unifier le langage médical, en niant la complexité de la démarche de soins. Les inévitables différences d'appréciation évoquées se traduiront par exemple par des codages identiques recouvrant en fait des situations différentes.

Ces processus, de par leur dimension réductrice, exposent au risque de substituer au patient son double informationnel !

L'efficience non prouvée du chaînage intégral des informations de santé

Aujourd'hui, les TIC permettent de constituer des dossiers regroupant l'intégralité des données de santé d'une personne, ce qui constitue pour certains une amélioration de la qualité des soins grâce à une meilleure continuité entre les différents épisodes de soins et entre les multiples structures de santé. En termes d'efficacité, ce projet se heurte aux limites déjà évoquées quant à la standardisation du dossier médical. Seules certaines informations ciblées en fonction du contexte d'emploi sont utiles pour l'événement de soins considéré. À ces doutes quant à l'efficience du chaînage systématique des informations de santé au sein du dossier s'ajoute une inquiétude majeure quant à ses conséquences pour les libertés individuelles : la perspective de voir se constituer pour chacun un fichier sanitaire exhaustif, avec ce chaînage des pathologies, véritable "casier sanitaire" qui permettrait une traçabilité de l'histoire de santé et de la biographie des personnes.

Les dangers d'un identifiant permanent du patient pour un dossier informatisé unique

Le respect du secret médical impose que le patient, et lui seul, ait le droit de choisir quelles informations personnelles de santé il veut ou ne veut pas transmettre, à qui et pour quelle durée. Aujourd'hui, la transmission de ces informations entre professionnels de santé suppose plusieurs intervenants humains, le patient qui doit donner son accord et les soignants concernés. Or, c'est dans ces interventions humaines que l'on veut voir toutes les insuffisances du système de soins actuel –subjectivité, lenteur, oublis, erreurs, voire dissimulations– auxquelles sont opposées de façon bien idéalisée la transparence, l'efficacité, la rapidité liées à l'emploi des TIC. D'où l'idée, très avancée aujourd'hui, d'un dossier de santé informatisé pour chaque personne, unique et permanent, centralisé ou réparti, mais accessible à tout moment et de partout grâce à un identifiant permanent du patient (IPP) affecté à la personne dès sa naissance et valide jusqu'après sa mort.

Pourtant, aux obstacles conceptuels liés à la standardisation du contenu du dossier s'ajoute la difficulté de modéliser l'équivalent du jugement *ad hoc* qui conduit le médecin dans chaque situation à transmettre ou non l'information et sous quelle forme. C'est pourquoi, nous affirmons, au vu des particularités de l'information de santé et de la nécessaire médiation des professionnels de santé quant à son utilisation, que la notion de dossier médical informatisé doit correspondre à des dossiers distincts répartis entre les différents praticiens ou les différents réseaux. Cette conception du dossier s'impose pour assurer une gestion de l'information de santé respectueuse des personnes. Et elle est incompatible avec le présupposé d'un dossier médical unique structuré par un IPP.

De plus, le concept d'IPP généralisé apporte dans un dispositif informatisé performant plus de menaces pour les personnes que d'avancées dans la qualité et l'organisation des soins. De multiples acteurs sont intéressés par la constitution, avec le dossier médical unique et l'IPP, d'une banque de données nominatives portant sur toute la population : les différents acteurs de ce qui constituerait un gigantesque marché, les gestionnaires du système de santé, les assureurs, les employeurs. Cela sans compter avec les risques de dérives politico-sociales ! Tous les dispositifs de sécurité envisagés ont des limites, et les enjeux iront croissant avec le regroupement des informations au moyen de l'IPP. Les risques sont considérablement plus grands dans un système informatisé disposant d'une telle puissance, qu'à une petite échelle comme c'est actuellement le cas dans un cabinet médical ou un hôpital. *A fortiori* le projet évoqué explicitement, dans le cadre d'un rapport officiel, d'utiliser le NIR[1] comme IPP fait resurgir la perspective inacceptable pour les libertés publiques d'interconnexion des fichiers de santé avec des fichiers émanant d'autres sphères publiques ou privées.

De nouveaux droits pour le patient avec de nouvelles contraintes

Avec les évolutions législatives (droit d'accès direct au dossier médical) et techniques (dispositif SESAM-Vitale, réseau santé-social, intranets santé, dossier de santé informatisé communicant...), le patient sera confronté à la gestion pratique de ces nouvelles potentialités et de ces nouveaux droits.

Ainsi, selon les règles d'accès au dossier du patient qui seront consenties aux professionnels de santé, le patient, qui doit exprimer son consentement à faire enregistrer ses données de santé dans son dossier,

1. Proche du numéro de sécurité sociale.
Voir brochure "Numéro de Sécurité sociale : quels dangers ?", DELIS, 2001.

sera confronté à un arbitrage permanent entre des enjeux contradictoires : utilité de la mention de certaines données mais risque d'utilisation ultérieure non souhaitée. Par exemple, le médecin propose de mentionner le diabète dont la personne est atteinte. Son intérêt immédiat est d'accepter dans une perspective de continuité des soins. Mais cette information ne risque-t-elle pas d'être utilisée ultérieurement à son encontre, par le médecin du travail ou celui d'une compagnie d'assurances, s'ils venaient à en prendre connaissance ? Quels seraient demain les risques de discrimination à l'embauche, à la souscription d'un contrat d'assurance, avec la mention de résultats de diagnostics génétiques présomptifs ?

En outre, puisque la validité des informations contenues dans le dossier médical doit être rapportée au contexte de leur recueil et leur pertinence reconsidérée dans le temps, le patient pourra être en difficulté pour apprécier, même en concertation avec son médecin, ce qu'il convient de transmettre ou non à un autre professionnel de santé. Il ne faudrait donc pas entretenir l'illusion d'une "transparence" idéale en matière de dossier médical.

À ces conflits d'intérêts et à ces difficultés propres au patient pourrait s'ajouter un conflit d'intérêts entre ce dernier et son médecin car d'éventuels désaccords sur l'intérêt de mentionner une information seraient potentiellement une source de conflit. Le médecin pourrait alors estimer que sa responsabilité professionnelle est susceptible d'être mise en cause par l'absence de cette information dans le dossier, sans oublier que la responsabilité du patient pourrait aussi être recherchée. Nul doute que ces difficultés viendraient renforcer les risques de "judiciarisation" des relations médecin-patient.

Des usages collectifs

Un codage des pathologies inadéquat aux usages de recherche et de santé publique

Compte tenu des difficultés évoquées pour le codage des pathologies dans de nombreuses situations de recours aux soins (médecine générale, pédiatrie, psychiatrie..., sphère ambulatoire ou milieu hospitalier) la validité de ce codage sera réduite par la difficulté d'obtenir un fort consensus parmi les codeurs (150 000 praticiens de santé non spécifiquement formés) sur la signification des codes et leur adéquation avec la situation qu'ils sont censés caractériser. Ainsi les études statistiques réalisées à partir du codage généralisé et exhaustif des pathologies incluraient de nombreux biais, conduisant à des risques d'analyses erronées et de prises de décision inadaptées.

Le risque de profilage social lié aux concentrations de données personnelles de santé

Les pouvoirs publics, au plan local et national, comme les organismes de protection sociale, pourraient être tentés par l'utilisation des données collectées à partir des dossiers gérés dans des bases de données relatives à la santé des personnes, dans une perspective de gestion ou de contrôle des populations dites "à risque". À l'instar de la CNIL, qui, à propos des données sociales, avait exprimé sa "crainte majeure de voir se développer un fichier global des populations défavorisées et partant une sorte de cartographie de l'exclusion reposant sur la définition de profils individuels ou familiaux de précarité", on peut s'interroger sur les possibilités que les dispositifs envisagés ouvriraient en matière de fichage aux fins de contrôle social des populations (alcooliques, toxicomanes...).

L'intérêt des employeurs, des banquiers, des assureurs pour les bases de données relatives à la santé des personnes est tout aussi évident. Les risques de détournement de finalité le sont également, puisque justifiés au nom de la concurrence économique. Le "casier sanitaire" ainsi constitué pourrait aussi servir à cibler les malades par profils et à mettre en regard une offre de soins restreinte prédéfinie, cela dans une logique de mise en concurrence des caisses de sécurité sociale avec les assurances privées. Qu'en serait-il des fichiers sanitaires des personnes constitués par ces caisses puis confiés au privé ? Les informations ne seraient-elles pas alors utilisées dans une logique assurantielle de sélection préalable des risques ou croisées avec les fichiers d'assurance vie, de prêts... ?

La gestion du dossier médical en pratique

Des principes pour garantir la confidentialité des données personnelles de santé

L'informatisation progressive des éléments constitutifs du dossier médical et la mise en œuvre récente de réseaux de soins s'appuyant sur les TIC se sont cristallisées dans la notion de "dossier de santé informatisé communicant", promue par la normalisation européenne. La volonté de faciliter la communication des informations personnelles de santé entre les professionnels du soin ne doit pas faire oublier que la confidentialité est le corollaire de la confiance du patient et qu'elle est inhérente à la relation entre le patient et son médecin. Elle doit rester prégnante dans la pratique de toutes les professions du système de santé, comme dans les principes de sécurité informatique mis en œuvre au sein d'une communauté de praticiens et de patients pour gérer les dossiers de santé ainsi constitués selon des droits d'accès et des échanges électroniques d'information respectant les volontés de chaque patient.

Ces quelques principes mis en œuvre dans une politique de sécurité informatique apporteront des garanties de confidentialité aux patients :

- tout membre de la communauté de soins, professionnel de santé ou patient, doit être identifié de façon unique, univoque et fiable dès son entrée dans la communauté. Puis chaque membre s'identifie, par exemple au moyen de la carte professionnelle de santé pour le professionnel et de la carte Vitale pour le patient, afin que le système l'authentifie comme membre de la communauté ;
- l'annuaire des membres de la communauté peut permettre à un patient de connaître les praticiens adhérents mais ne doit pas permettre à un praticien de connaître les patients adhérents ;

- le dossier est constitué sur la base des informations établies entre un médecin donné et chaque patient qui vient le consulter ;
- une partition des informations personnelles de santé distinguera les informations nécessaires aux professionnels de santé de l'équipe de soins, les informations auxquelles seul le médecin qui les a recueillies a accès au vu de leur caractère sensible ou subjectif, les informations objectives et factuelles qui peuvent être accessibles aux professionnels de santé en fonction du contexte de leur demande... Les notes personnelles du médecin sont exclues de cette partition ;
- à tout dossier informatisé contenant des informations personnelles de santé doit être associé un contrôle d'accès qui permette de désigner les personnes ou groupes de personnes ayant le droit de lire le contenu du dossier et d'y ajouter des informations de façon systématique ou conditionnelle. Toute autre personne n'ayant pas de tels droits ne doit pouvoir y accéder ;
- le patient est habilité à définir la liste de contrôle d'accès aux différents éléments de son dossier ;
- le médecin qui a créé le dossier est habilité à modifier la liste de contrôle d'accès, en faisant respecter les volontés du patient dans le dispositif de santé ;
- le médecin doit informer le patient des modalités du contrôle d'accès, obtenir son accord sur la liste établie et le tenir informé de toute modification, surtout si cela concerne des personnes qui ont accès à un grand nombre d'autres dossiers. Le patient peut faire rectifier la liste ;
- aucune autre personne que le médecin et le patient ne doit pouvoir effacer ou faire effacer tout ou partie d'un dossier avant sa date légale d'expiration, seules des informations peuvent être ajoutées pour mentionner le caractère erroné ou obsolète d'un élément constitutif ;
- tous les accès au dossier doivent être consignés en précisant qui a accédé à quoi quel jour à quelle heure et ce jusqu'à l'effacement du dossier ;
- toute communication à des tiers, dans ou hors de la communauté de soins, d'une information extraite du dossier ne peut se faire qu'avec l'accord du patient ;
- toute exploitation statistique des données extraites du dossier est subordonnée à l'application de règles d'anonymisation s'appliquant au patient et au médecin concernés.

La confidentialité de l'ensemble des données personnelles de santé doit être garantie, leur stockage et leur échange sur les réseaux de communication doivent aussi être sécurisés en assurant leur intégrité et leur disponibilité.

Une mise en pratique sous conditions

La réflexion ouverte par les nouvelles perspectives qu'offrent les TIC en matière de santé souligne la complexité et les contradictions des dispositifs à mettre en œuvre pour que ces progrès ne se traduisent pas par une atteinte aux droits des personnes.

Un effort considérable de formation est un préalable indispensable dans les domaines informatique, juridique et médical pour l'ensemble des acteurs du système de soins, patients et professionnels de santé, c'est-à-dire de fait toute la population. Là encore, les inégalités socio-culturelles risquent de peser de façon significative sur l'exercice de ces nouveaux droits et nouvelles responsabilités. Soulignons par exemple qu'en médecine libérale, la sécurisation des données médicales, pour leur stockage et leur transmission éventuelle, est de la responsabilité du professionnel de santé, alors qu'il n'a généralement pas les moyens théoriques et pratiques de l'exercer.

En outre, la mise en œuvre du dossier médical informatisé respectant l'ensemble des principes évoqués risque d'être difficile à réaliser dans le cadre de la consultation médicale, nécessairement limitée en temps, ouvrant ainsi la voie à de dangereux contournements de procédure qui mettent en péril le secret médical. Ne saurait, non plus, être négligé le risque de rigidification de la relation médecin-patient obérée par le souci d'aboutir à des conclusions normalisées. Ces contraintes et difficultés sont à mettre en regard des faibles bénéfices apportés, en termes de qualité de l'information, par l'instauration du "dossier de santé informatisé communicant" et les fortes tentations de le généraliser.

Conclusion

Dans un processus d'informatisation tel que celui du dossier du patient, nous affirmons la prééminence de la personne sur une organisation façonnée par la technologie. Les seules potentialités de la technique ne doivent pas remettre en question le droit au respect de la vie privée, qui implique confiance réciproque et médiation humaine.

■

Bibliographie

Les publications du groupe Santé de DELIS sont disponibles sur la toile à l'adresse : http://www.delis.sgdg.org

CADOUX L., HEROLD M., JACQUIN P., MARCHEIX A., MULLER P., SUESSER P., Réponse à la consultation de l'ordre des médecins sur le volet médical de la carte Vitale 2, Paris, 15 juin 2001.

HEROLD M., CADOUX L., MARCHEIX A., JACQUIN P., MULLER P., SUESSER P., "L'Identifiant Permanent du Patient : quels risques pour quels besoins ?", Déclaration commune du 19 janvier 2001 diffusée dans le cadre du colloque organisé par PROREC-France le 19 janvier 2001.

JACQUIN P., "Le dossier médical est un fantasme". *Pratiques*, n° 12, décembre 2000 / janvier 2001, pp. 10-13.

MARCHEIX A., "Comment préserver la confidentialité du dossier de santé ?" *Pratiques*, n° 12, décembre 2000 / janvier 2001, pp. 30-33.

SUESSER P., "Le codage des pathologies et les droits des citoyens". Development International Institute, Enjeux et perspectives du codage des actes, Paris 18-19 mai 2000.

MARCHEIX A. "Selon quelles modalités peut-on assurer la confidentialité du nouveau dossier médical informatisé ?" Development International Institute, Garantissez la confidentialité de vos données médicales informatisées, Paris 20-21 janvier 2000.

BADÉYAN G., HEROLD M., MARCHEIX A., SUESSER P. "Réflexions citoyennes sur la modernisation du système de santé". *Ethica*, n° 30, 3e trimestre 1999

HEROLD M., MARCHEIX A., BADÉYAN G., SUESSER P. "Pour une carte Vitale qui n'ouvre pas le sésame de notre vie privée". *Hommes et Libertés*, n° 105, juin/juillet 1999.

BADÉYAN G., HEROLD M., MARCHEIX A., SUESSER P. "Protection des données individuelles de santé ou transparence du système hospitalier : un faux débat". *Santé & Technologies*, n° 6, mai / juin 1999.

HEROLD M., MARCHEIX A., NARRITSENS A., SUESSER P. "Carte Vitale et vie privée". *Le Monde*, 21 mai 1999, p. 16

"Informatisation du système de santé : Pour préserver la sphère privée des citoyens". Paris, 31 mars 1999. Document rédigé dans le cadre de travail commun au Collectif pour les droits des citoyens face à l'informatisation de l'action sociale, au Collectif Informatique, fichiers et citoyenneté, et à la Ligue des Droits de l'Homme.

Le groupe santé de DELIS : Monique Herold (Ligue des Droits de l'Homme) ; Louise Cadoux, Annie Marcheix (Collectif Informatique, Fichiers et Citoyenneté) ; Paul Jacquin, Patrice Muller, Pierre Suesser (Collectif pour les droits des citoyens face à l'informatisation de l'action sociale).

La lutte contre le *spamming* ou la difficile régulation de l'Internet marchand

David Forest*

C'est en avril 1994 alors que l'Internet s'émancipait de l'espace restreint de discussion entre initiés où il était jusqu'alors confiné, que le cabinet d'avocats américain Canter & Siegel envoya une publicité vantant ses mérites à près de 8 000 forums Usenet touchant environ 20 millions d'utilisateurs. Les abonnés et les administrateurs de ces réseaux réagirent promptement et parfois même abusivement en réparant par eux-mêmes ce qu'ils estimaient être une atteinte inexcusable à leur "Net-étiquette", *spammant* à leur tour les avocats en cause et censurant la moindre de leur intervention. Cette intrusion du marketing direct à grande échelle dans la cuirasse associative de l'Internet devenu nouveau média de masse marqua un précédent qu'aucune digue n'a su contenir jusqu'à présent.

Depuis, comme cela a déjà été le cas en matière de confidentialité du courrier électronique, le droit est pris dans un faisceau d'exigences contradictoires : tranquillité des internautes au sens de la *privacy*[1] anglo-saxonne et intérêts du commerce. Aborder sereinement cette problématique nécessite de prendre quelque distance avec les discours promotionnels présentant le consommateur comme le grand bénéficiaire des multiples techniques du cyber-marketing accompagnant l'essor du commerce électronique.

La communauté des internautes, qui s'est fort légitimement inquiétée de la confidentialité et de l'intégrité de ses communications, semble être en proie, selon Serge Gauthronet et Etienne Drouard, à cette "maladie infantile du marketing par e-mail" : le *spam*, ce courrier électronique "cloné" en une quantité parfois gigantesque, et qui emprunte désormais également la voie des téléphones mobiles via des messages déposés sur la boîte vocale ou des SMS (*short message system*).

---

* Juriste et politiste, Docteur en sciences politiques de l'université Paris I Panthéon-Sorbonne, chercheur au CREDAP-Paris I.

1. Cette notion déborde le droit à la vie privée tel qu'il est compris par le droit français. Elle trouve son origine dans le 4e amendement de la Constitution des États-Unis et dans son exégèse figurant au traité du juge américain Thomas Cooley (1888), qui évoquait le "droit d'être laissé en paix" (*the right to be let alone*).

Une pratique envahissante

Publipostage, multipostage, pourriel ou encore pollupostage (termes québécois), autant de termes dépréciateurs qui donnent la mesure de la nuisance que ces pratiques paraissent induire (dommages financiers et matériels, mais aussi sociaux, difficilement quantifiables). Si ces termes ne recouvrent pas nécessairement une même activité, les notions d'abus et de nuisance du fait de la diffusion ou du contenu peuvent faire figure de dénominateur commun. Le terme "*spamming*" marque à l'envi la connotation péjorative de ces pratiques. Ces pratiques, à l'opposé des notions de confort d'utilisation et d'absence de perturbation, sont en effet le plus souvent associées à celles d'envahissement, de dysfonctionnement et d'entrave à l'usage normal d'une messagerie, avec la perte de temps et d'argent liée à la lecture et au nettoyage de tels courriers. Une étude de la Commission européenne a ainsi estimé que le coût engendré par les e-mails non sollicités représente environ 10 milliards d'euros en termes de frais de connexion pour les internautes de part le monde. Il n'y a là rien de bien surprenant lorsque l'on sait qu'une entreprise de cyber-marketing – qui aujourd'hui constitue un secteur économique à part entière de la société de l'information– peut envoyer un demi-million de *spams* par jour[2].

En tout internaute sommeillerait un consommateur potentiel qu'il s'agit de réveiller en attirant son attention afin de provoquer l'acte d'achat. Le déclenchement de la consommation est lui-même étroitement lié à une connaissance la plus précise possible du profil du consommateur et suppose en conséquence la transformation de l'internaute en un ensemble informationnel devant être collecté, diffusé et stocké[3]. Ces données une fois traitées et croisées en viennent à constituer un "double informationnel", selon l'expression d'André Vitalis, et constituent le levier de la nouvelle économie. En contrepartie, une des libertés du consommateur serait de ne pas être "exagérément" importuné par des messages considérés comme intrusifs.

Le *spamming* rentre de plain-pied dans le champ d'action de la CNIL car une adresse électronique constitue au moins indirectement une donnée nominative. Dès 1999, un rapport de l'autorité consacré à cette problématique présentait le publipostage électronique –qui ne se réduit pas au *spamming*– comme une "tendance lourde".

Quelques chiffres permettent d'en prendre toute la mesure. Ainsi, en décembre 2001, 75,6 millions d'e-mails marketing ont été expédiés, de sorte qu'un courrier électronique sur trois a désormais une nature publicitaire. Aux États-Unis, la FTC (Federal Trade Commission) indique que le nombre d'actes de *spamming* qui lui sont dénoncés s'élève

2. DUMONT E., "Le *spam* coûte une fortune aux internautes", http://news.zdnet.fr.
3. FREYSSINET J., " Nouvelles technologies de l'information et de la communication et protection des libertés des consommateurs " in PIATTI M.C. (dir.), *Les libertés individuelles à l'épreuve des NTIC*, PUL, 2001, pp. 32 et s.

désormais à une moyenne quotidienne de 42 000[4]. Selon une étude du cabinet NetValue, la "pression promotionnelle" ne cesse de croître[5]. Pour un coût très faible en infrastructure et personnel –même si le retour sur investissement des campagnes marketing par e-mail resterait difficile à évaluer–, bien loin en tout cas de ceux engendrés par la prospection téléphonique, le publi-postage électronique permet un ciblage direct affranchi des intermédiaires et un dépôt de l'offre commerciale immédiatement visible par le destinataire. Ces avantages concurrentiels rendent ainsi prévisibles d'importants transferts d'investissement vers l'e-mail marketing. Force est ainsi de constater qu'il présente des risques d'abus inversement proportionnels à son coût. La tendance ne semble pas prête à s'inverser au regard des résultats obtenus. Aussi, certains professionnels peuvent-ils avancer un taux d'ouverture de 60 à 70 % et un taux de clic dans l'e-mail de 10 à 15 %[6].

Néanmoins, Serge Gauthronet et Etienne Drouard dans une étude remarquée peuvent constater que "l'Europe ne connaît pas, pour l'heure, de pratiques aiguës de prospection électronique non sollicitée ni même de *spamming*", de sorte que les réactions suscitées par ces pratiques leur apparaissent disproportionnées au regard de la réalité du phénomène.

Si l'ampleur du phénomène n'a sans doute rien de comparable avec ce qui se passe aux États-Unis, il n'en demeure pas moins qu'il se développe, comme le souligne la CNIL dans son dernier rapport. La population internaute reste jeune et souvent attirée par des sites américains prompts à utiliser les dernières techniques de captation d'information afin de les abreuver ultérieurement de *spams*. Ces entreprises, où qu'elles se trouvent dans le monde, ne tardent pas à prendre pour cibles les internautes des territoires européens dont les entreprises sont elles aussi déjà à la pointe de ce type de "communication sauvage". La nécessité de réguler et éventuellement de sanctionner ces comportements fait donc peu de doute.

Opt-out et *opt-in* : deux approches traditionnelles de la régulation-réglementation à dépasser ?

Les options entre *opt-in* et *opt-out* sont systématiquement associées et présentées comme alternatives en vue de réglementer la pratique du *spamming* tant sur le plan communautaire que national. L'*opt-in* ou, "opter pour", exige des prospecteurs qu'ils recueillent le consentement du destinataire préalablement à tout envoi, par exemple au moyen d'une case à cocher voire éventuellement à décocher. Cette option a la préférence de la CNIL, qui, à l'occasion d'un communiqué en date du 21 décembre 2001,

4. Prepared Statement of the FTC on Reauthorization Before the Senate, 17 juillet 2002, Washington D.C.
5. Voir DUMONT E., "Les e-mails promotionnels envahissent les boîtes des internautes", http://news.zdnet.fr et SANTROT F., "75,6 millions de mails promotionnels par mois en France", http://www.journaldunet.com.
6. Interview de David Guillot de Suduiraut (directeur général de Consodata France) par Fabien Claire, 19 juillet 2001, http://www.journaldunet.com.

a recommandé de permettre aux internautes d'exprimer leur consentement ou leur refus d' être sollicité dès le moment de la collecte. L'*opt-out* laisse quant à lui une marge de manœuvre plus grande aux commerçants libres de prospecter, l'internaute conservant un droit d'opposition *a posteriori*, notamment par son inscription sur des registres d'opposition[7] qui sont autant de listes "Safran" sectorielles. Cette voie est notamment critiquée en raison de l'obsolescence rapide des informations et d'autre part en ce qu'elle paraît conditionner la protection des destinataires à une démarche de leur part. Car, en l'absence d'acte volontaire pouvant simplement reposer sur l'ignorance de la protection qui leur est accordée, le *spamming* a ainsi tout loisir de prospérer sans être légalement inquiété. Tirant le bilan de la mise en place de la liste "Safran", la CNIL dans son dernier rapport en vient à tirer le constat suivant : "Plus de dix ans après sa création, force est de constater que la liste d'opposition n'a pas fonctionné."

Au niveau communautaire, la directive européenne sur la protection des consommateurs en matière de contrats à distance du 20 mai 1997 contraint les États membres à mettre en place une politique d'*opt-out* considérée comme une garantie minimale, toute latitude leur étant laissée pour adopter des solutions plus contraignantes. En France, l'ordonnance du 23 août 2001 transposant cette directive pose l'exigence du consentement préalable dans le domaine de la prospection par télécopie ou par automate d'appels. Aucune sanction ne vient à l'appui de ses dispositions mais un projet de décret prévoyant une amende de 1 500 euros pour tout message non autorisé a été soumis pour avis à la Commission. La même ordonnance évoque également les "autres techniques de communication à distance." Si la prospection directe par e-mail n'est pas explicitement mentionnée, il ne fait aucun doute qu'il entre dans cette catégorie et relève de l'article L. 121-20-5 du code de la consommation subordonnant l'utilisation de telles techniques à l'absence d'opposition du consommateur, mais non à l'exigence d'un "consentement à recevoir [de tels appels]", comme c'est le cas pour les messages émis au moyen d'automates d'appel ou de télécopieurs. L'article 22 du projet de loi sur la société de l'information insérant les articles L. 121-15-1 et s. dans le code de la consommation valide également l'*opt-out* en interdisant "d'adresser par courrier électronique des publicités ou des offres promotionnelles non sollicitées aux personnes qui, ne souhaitant pas être rendues destinataires de telles publicités ou offres, se sont inscrites sur des registres destinées à recevoir leur opposition."

À ces obligations minimales vient s'ajouter le respect essentiel des règles relatives à la protection des données personnelles (principalement la loi "Informatique et Libertés" et la directive n° 95/46).

7. L'article 7.2 de la directive 2000/31/CE du 8 juin 2000 sur le commerce électronique prévoit que "les États membres prennent des mesures visant à garantir que les prestataires qui envoient par courrier électronique des communications commerciales non sollicitées consultent régulièrement les registres *opt-out* dans lesquels les personnes physiques qui ne souhaitent pas recevoir ce type de communication peuvent s'inscrire, et respectent le souhait de ces dernières."

Ces garanties apparaissent bienvenues car la directive 2000/31/CE du 8 juin 2000 sur le commerce électronique laisse aux États membres le choix entre les deux options. Or, cette alternative peut apparaître comme un trompe-l'œil car la directive de 1997 sur la protection du consommateur en matière de vente à distance a fait de l'*opt-out* une garantie minimale. Cela dit, la valse des textes et les oscillations entre les instances communautaires avaient peine à dissimuler l'existence d'interférences et un volontarisme hésitant. Cette position est-elle en voie de stabilisation ?

Les récents développements communautaires permettent de l'envisager. Le risque d'une Union européenne à deux niveaux de protection et par conséquent à deux vitesses était bien réel, car plusieurs États dont l'Autriche ou l'Italie exigent le recueil du consentement préalablement à toute collecte bien que l'*opt-in* n'ait été clairement imposé par aucune directive. Finalement, la décision du Conseil des ministres de l'Union européenne du 6 décembre 2001 en faveur de l'*opt-in* lors de l'envoi d'e-mails commerciaux a été entérinée par le Parlement européen le 30 mai 2002 en deuxième lecture du projet de directive concernant le traitement des données à caractère personnel et la protection de la vie privée dans le secteur des communications électroniques. Notons que cette décision, applaudie par les associations de défense de la vie privée et du consommateur aux États-Unis, est à leur grand dame délaissée par leur gouvernement. En se prononçant pour le principe de l'*opt-in* pour l'envoi de "communications non sollicitées effectuées à des fins de prospection directe", le Parlement européen revient ainsi sur sa précédente position qui laissait le choix entre les deux options. L'exigence d'autorisation préalable se voit suspendue dans le cas où le destinataire a déjà acheté un produit ou service de l'expéditeur, mais trouverait à nouveau à s'appliquer dans l'hypothèse où le démarcheur souhaiterait utiliser ces données à des fins de prospection commerciale, par exemple en les louant à un tiers. La directive adoptée le 12 juillet et entrée en vigueur le 31 juillet 2002 entérine et consacre ces choix[8]. La France, qui devra transposer cette directive d'ici au 31 octobre 2003, aura donc également à infléchir sa politique législative.

Le rapport de la CNIL consacré au publipostage avait mis en avant une contradiction entre le système de l'*opt-out* alors proposé par le Parlement européen et la Nétiquette préconisant l'accord préalable des internautes à toute réception de courrier à caractère commercial. La CNIL réaffirme sa position dans son avis sur le projet de loi concernant la société de l'information rendu le 3 mai 2001 et souligne que le régime *opt-out* ne lui paraît pas apte à assurer la protection des données personnelles et de la tranquillité des internautes. Aujourd'hui et en l'état actuel de la législation, la CNIL, qui a désormais fait de la lutte contre le *spamming* un de ses "grands chantiers", ne peut formuler que de simples observations et soutenir l'adoption de codes de bonne

8. http://www.europa.eu.int/.

conduite. Consciente de son rôle de vigie, la CNIL a d'ailleurs mis en place sur le modèle de la FTC une adresse électronique où elle invite les internautes à lui transmettre tout *spam* reçu afin de permettre à ses équipes d'enquêter sur sa source[9].

Précédée par les États-Unis, la France a pris à cœur de traiter le problème et semble désormais trouver sa voie sur le plan judiciaire. En effet, des décisions examinent tour à tour les divers aspects touchant au courrier électronique, devenu objet de contentieux, et d'une jurisprudence embryonnaire.

Le *spamming* saisi par les tribunaux

Le tribunal de grande instance de Paris, à l'occasion d'une ordonnance de référé du 15 janvier 2002, a donné une définition pour le moins extensive du *spamming* compris comme un "envoi de messages non sollicités par les destinataires" et "considéré dans le milieu de l'Internet comme une pratique déloyale et gravement perturbatrice"[10]. Le tribunal renvoie ainsi aux pratiques régulatrices déjà en place ainsi qu'aux codes définis et communément admis par les communautés d'internautes afin de caractériser le caractère intrinsèquement déloyal et abusif de cette pratique. Si l'on suit au mot près la définition donnée, l'exercice de cette pratique doit donc être considéré comme abusif quelle que soit son ampleur et sans considération des éventuels dommages engendrés. Si le jugement relève en l'espèce une pratique "manifeste et répétée", rien ne permet de conclure *a contrario* qu'un envoi massif mais unique ne relèverait pas du *spamming*. Cela paraît conforme à la définition proposée par le rapport annuel de la CNIL de 1999 comme "envoi massif –et parfois répété– de courriers électroniques non sollicités, le plus souvent à caractère commercial, à des personnes avec lesquelles l'expéditeur n'a jamais eu de contact et dont il a capté l'adresse électronique dans les espaces publics de l'Internet : forums de discussion, listes de diffusion, annuaires, sites Web etc.".

Le jugement du tribunal de grande instance de Rochefort-sur-Mer du 28 février 2002 a proposé une définition plus restrictive en l'assimilant à un "démarchage commercial auprès d'internautes," La qualification de *spamming* est retenue alors même que les messages non sollicités n'ont

9. Adresse mise en place par la CNIL : spam@cnil.fr (communication de la CNIL en date du 10 juillet 2002). Adresse mise en place par la FTC : UCE@ftc.gov. Cette boite aux lettres ouverte depuis 1998 a reçu 700 000 plaintes la première année et plus de 10 millions aujourd'hui.
NDLR : la CNIL, après avoir recueilli près de 320 000 courriers électroniques indésirables (*spam*) reçus par les internautes français dans le cadre de son opération "Boîte à *spam*", analyse le phénomène en France et propose des conseils pratiques "anti-*spam*". Elle a mis en ligne un module pédagogique "Halte au *Spam*", destiné aux internautes afin de leur apporter des informations pratiques, techniques et juridiques, et leur permettre de lutter plus efficacement contre ce phénomène. http://www.cnil.fr/frame.htm?thematic/internet/spam/spam_sommaire.htm.

10. Voir http://legalis.net/jnet/decisions/illicite_divers/ord_tgi_paris_150102.htm.

pas été envoyés dans des boites aux lettres mais sur divers forums de discussion. Le lieu de réception est donc indifférent à la qualification, qu'il s'agisse d'une messagerie, privée ou professionnelle, ou d'un forum, seule importe l'entorse constatée aux usages. Il existe d'autre part des *spams* non commerciaux au contenu illégal (rumeurs infondées, incitation à la haine raciale, virus, chaînes, etc.), invitant à soutenir des œuvres caritatives –dont le fonctionnement repose majoritairement sur l'envoi de courriers non sollicités[11]–, ou encore une cause quelconque. Ainsi, aux États-Unis Microsoft a pratiqué le *spamming* auprès d'abonnés à l'occasion d'un message les exhortant à signer la pétition "liberté d'innovation" en vue de la soutenir face aux autorités antitrust du ministère de la Justice[12]. Le tribunal de Rochefort-sur-Mer pour justifier la résiliation du contrat liant France Telecom Interactive à son abonné retient une pratique "intensive", c'est-à-dire importante au point de conduire de nombreux internautes à manifester leur mécontentement et à dénoncer le *spammeur* au fournisseur d'accès. Il semblerait donc au premier abord qu'il existe un seuil de tolérance à partir duquel la pratique devient déloyale et abusive. Cependant, la référence à l'"usage" prohibant le *spamming* sans considération de seuil, de volume ou d'ampleur tend à considérer la pratique comme nuisible par nature et répréhensible dès lors qu'elle est mise en œuvre. Les contrats d'accès à l'Internet contiennent désormais des clauses prohibant la pratique de l'envoi massif de courriers électroniques non sollicités, de sorte que toute dérive peut être rapidement sanctionnée au moyen de mécanismes appartenant au droit commun des contrats.

Les contrats de Liberty Surf et de Free interdisaient également de façon explicite le *spamming*, et ces dispositions ont permis au tribunal de grande instance de Paris de fonder la coupure de l'accès à l'Internet, comprise comme "simple conséquence du non-respect de ses obligations contractuelles." Les règles civiles pouvant conduire à qualifier le *spamming* en faute contractuelle permettent ainsi dans certaines limites une réaction prompte et efficace afin de faire cesser le trouble provoqué par l'internaute.

La Nétiquette, instrument de l'autorégulation prenant appui sur le contrat

Dans cette même affaire, le motif de la résiliation du contrat résidait dans la violation de la Nétiquette prohibant expressément le *spamming*. Celle-ci est habituellement définie comme un protocole énonçant les conditions d'une bonne utilisation du réseau. Ce code de bonne conduite, composé de règles non écrites de savoir-vivre en ligne, s'apparente à un élément de sociabilité régissant les échanges de données et présente des similarités avec la coutume bien connue des juristes.

La Nétiquette trouve à s'appliquer essentiellement aux échanges de courrier électronique afin d'interdire le *spamming*, la vente non autorisée

11. DUMONT E., "Entraver le *spam* nuirait aux organisations caritatives", http://news.zdnet.fr.
12. HUSTACHE M.L., "Microsoft pratique le *spam* à l'insu de son plein gré", http://www.zdnet.fr.

d'informations sur un utilisateur, ou encore aux *chats*, forums en ligne et listes de discussion. Les règles d'utilisation peuvent tout aussi bien concerner la concision, la pertinence et la clarté des messages. Ainsi, incitent-elles les internautes à être "pertinent", "bref", "clair" et à livrer une information dépouillée, allant à l'essentiel, délestée des lourdeurs et ourlets de la langue, bref des bruits et parasites[13].

Si cette étiquette du Net ne ressort pas du droit et n'avait jusqu'à il y a peu aucune valeur contraignante faute d'instauration institutionnelle –la sanction allant de la "flamme" (*flame*) ou critique agacée à la déconnexion de force de l'utilisateur réfractaire–, elle tend à devenir une source de droit à part entière à l'instar de la coutume. Cette nouvelle dimension de l'usage tend à la fois à en faire reconnaître la force envers tout utilisateur du service, mais aussi à faire abandonner aux "pionniers" l'idée d'une justice personnelle parfois dangereuse et toujours désordonnée[14]. Ainsi, la notion plus ou moins rigoureuse et impérative de Nétiquette peut-elle s'imposer grâce à la force du contrat qui en renvoyant vers elle lui donne une effectivité juridique réelle et un pouvoir de contrainte. En effet, le non-respect de la Nétiquette, bien loin d'être une obligation accessoire, permet de donner lieu à la résolution du contrat dans son entier. La valeur attachée à des usages devenus les garants d'une utilisation paisible du réseau n'a donc rien d'anecdotique ou folklorique.

Selon les termes du jugement précité, la Nétiquette constitue bien un usage au sens du code civil et en tant que source du droit oblige donc les parties au contrat à le respecter. Le tribunal de Rochefort-sur-Mer pour caractériser l'existence d'un usage de façon certaine, s'est référé explicitement au rapport de la CNIL du 14 février 1999 tout spécialement consacré au "publipostage électronique et la protection des données personnelles". La Commission s'était attachée à examiner le phénomène au regard des conditions dans lesquelles les données personnelles peuvent être collectées à des fins de prospection, et à apprécier d'autre part les garanties mises en œuvre afin de permettre l'exercice éventuel du droit d'opposition. Aussi, tenant compte des principes de loyauté et de finalité de la collecte de données, elle estimait au final que la personne ayant communiqué son adresse dans un forum de discussion l'avait fait dans une fin autre que la prospection commerciale.

Si des affaires témoignent d'une première reconnaissance de droit de l'autorégulation qui se voit donc investie de l'élaboration de normes privées (chartes, codes de bonne conduite, etc.), quel peut être le recours pour l'entreprise ou le simple internaute victime d'une "ennuyeuse"

13. MARCOCCIA M., "La sociabilité sur Internet : réflexions sur une "révolution informationnelle", in Dominique Bourg, BESNIER J. M. (dir.), *Peut-on encore croire au progrès ?*, coll. La politique éclatée, PUF, 2000, p. 244.

14. Voir en ce sens la *Usenet Death Penalty* des "administrateurs système fantômes" de Usenet érigés en milice et se servant de toutes les armes de destruction informatique qu'ils récusent pourtant afin d'évincer les responsables d'un acte contrevenant au code de bonne conduite. Cette justice depuis la maison d'où l'on juge et on exécute est la caricature de l'autorégulation. Lire DUGLIN KENNEDY S., " Update on the Use and Abuse of the Net " in *Information Technology*, 1er avril 1998.

accumulation de messages promotionnels sans blocage complet de son système d'information, ni atteinte directe à la vie privée ou sans que l'auteur des actes incriminés soit sujet à un quelconque devoir de loyauté ou directement lié contractuellement ? Comment mettre en œuvre l'action du fournisseur d'accès ? En l'absence de textes clairs et simples comme en matière de collecte d'information personnelle ne reste-il que l'adresse nouvellement mise à disposition par la CNIL afin d'espérer atteindre l'insaisissable *spammeur* ?

C'est donc un véritable "sur-mesure juridique", pour reprendre la formule de Laurent Cohen-Tanugi[15], qui accompagne le recours à l'autorégulation. L'ordre spontané de l'autorégulation répond à la "contractualisation généralisée" entrevue par Jeremy Rifkin, et qui s'ébauche ainsi sous le désordre apparent, le foisonnement créateur des techniques et des initiatives[16].

Dès lors que ces textes et usages internes se voient reconnaître force et efficacité, les entreprises s'engouffrent dans la brèche. Ainsi dans le sillage du DMA (Direct Marketing Association) américain, des professionnels des métiers du cyber-marketing aussi bien que du marketing traditionnel ont pris l'initiative, sous l'égide du Syndicat national de la communication directe (SNCD), de se réunir depuis février 2000 afin de définir un code reposant sur la "transparence" et la "loyauté" à l'égard de l'internaute en matière de publipostage électronique ou "e-mailing", ce dernier terme évacuant quelque peu l'aspect péjoratif de la pratique[17]. En général, les organismes professionnels défendent pour la plupart la notion d'autorégulation contre une réglementation d'origine législative. Aussi, aux Etats-Unis, les sociétés d'e-mail marketing sont-elles à l'origine d'une *anti-spam policy* dont les règles participent autant de la déontologie que d'une politique de "labélisation" par la reconnaissance d'"émetteurs de confiance"[18]. C'est par ce biais que les professionnels tentent de répondre aux desiderata de la FTC, attentive à ce que les émetteurs de communications commerciales par e-mail soient dûment identifiés dans chacun de leurs messages.

Le concept de "corégulation" mis en avant par le rapport du député Christian Paul se proposait, hors de la régulation-réglementation imposée d'en haut et en l'absence de toute intervention extérieure sur l'Internet, de laisser différentes formes d'autorégulation "s'exercer là où elles suffisent à répondre aux attentes sociales" et de comparer dans un lieu d'échange les bonnes pratiques pour les ériger en recommandations. Mais sans doute est-il souhaitable de tendre vers des règles d'information et d'utilisation efficaces, communes, simples et reconnues par tous comme l'ont toujours

15. COHEN-TANUGI L., *Le Droit sans l'État*, coll. Quadrige, PUF, 1992, p. 10.
16. RIFKIN J., *L'âge de l'accès. La révolution de la nouvelle économie*, La Découverte, 2000.
17. GOSSET A., "Pourquoi un code en matière d'*e-mailing*", 12 décembre 2001, http://www.zdnet.fr.
18. Ce groupe de sociétés informatiques incluant AOL Time Warner, Microsoft ou encore Intel, a lancé des tests depuis janvier 2002 d'envois d'e-mails commerciaux contenant un "sceau numérique" devant garantir la provenance depuis un "émetteur de confiance". Voir WALKER L., "Wedding in the Garden Of Good E-Mail" in *Washington Post*, 31 janvier 2002.

souhaité la CNIL et les associations d'utilisateurs. Il convient alors de constater que si l'autorégulation se montre d'un précieux secours en l'absence de disposition et de contrainte légale comme le montre le traitement des affaires de *spamming* devant les tribunaux français, elle ne doit pas servir de palliatif ou de prétexte à un dessaisissement programmé de l'État de droit.

■

Bibliographie

GAUTHRONET S., DROUARD E., étude pour la Commission des Communautés européennes, "Communications commerciales non sollicitées et protection des données", janvier 2001.

Rapport de la CNIL présenté par Mme Cécile ALVERGNAT, *Le Publipostage électronique et la protection des données personnelles*, adopté le 14 octobre 1999.

CNIL, 19e rapport d'activité, 1999, La Documentation française.

CNIL, 22e rapport d'activité, 2001, La Documentation française.

PAUL C., *Du droit et des libertés sur l'Internet. La co-régulation, contribution française pour une régulation mondiale*, rapport remis au Premier ministre le 29 juin 2000.

Protection de la vie privée et des données personnelles sur Internet

IRIS*

La transposition en droit français de la directive européenne "Vie privée et communications électroniques"[1] est une occasion unique, d'une part, pour la mise en cohérence de la législation actuelle française relative à la protection des données personnelles et de la vie privée dans les communications électroniques ; d'autre part, pour que cette législation devienne réellement protectrice des droits des citoyens, conformément aux textes fondamentaux du droit français, du droit européen et du droit international.

Deux enjeux principaux doivent être soulignés ici :

- la protection des données personnelles, de la vie privée et de la confidentialité des communications vis-à-vis de l'utilisation commerciale de leurs données personnelles ;
- la protection des données personnelles, de la vie privée et de la confidentialité des communications vis-à-vis des atteintes aux droits et libertés fondamentaux.

Si le premier enjeu nous semble relativement bien couvert à la fois par le texte existant (loi "Informatique et Libertés"), par son projet de révision en cours ainsi que par les dispositions de la directive européenne "Vie privée et communications électroniques" à transposer, il n'en va pas de même pour ce qui est du second enjeu.

Durant la précédente législature, certains textes de loi ont en effet été modifiés dans des conditions très discutables : adoption d'amendements en urgence sans le nécessaire débat public digne d'un pays démocratique ; amendements introduits dans des textes dont l'objet était très éloigné de la teneur de ces amendements ("cavaliers législatifs") ; extension de la portée de ces amendements dans d'autres textes, menant à des incohérences dans la législation.

Cette situation a non seulement conduit à nombre de protestations de la part d'organisations citoyennes, allant jusqu'à la plainte contre la France déposée par l'association IRIS auprès de la Commission européenne pour

* IRIS, Imaginons un réseau Internet solidaire. Ce texte fait partie du rapport *Service public d'accès et protection des données personnelles. Deux conditions pour un Internet démocratique* : www.iris.sgdg.org/documents/rapport-packtel/index.html.

1. Directive 2002/58/CE du Parlement européen et du Conseil du 12 juillet 2002, concernant le traitement des données à caractère personnel et la protection de la vie privée dans le secteur des communications électroniques. Accessible en ligne à partir du portail d'accès au droit de l'Union européenne : www.europa.eu.int/eur-lex/fr.

violation de la législation communautaire, mais également à une forte insécurité ressentie par les intermédiaires techniques pour l'accès et l'hébergement sur Internet, qu'il s'agisse des sociétés commerciales ou des fournisseurs du secteur associatif, coopératif et non marchand. Par ailleurs, la législation française en est devenue incohérente, ce qui explique, dans notre analyse, l'absence de publication de plusieurs décrets d'application à ce jour, pour des textes récents comme pour des textes adoptés voilà déjà deux ans. Enfin, une récente annonce, contenue dans la loi d'orientation et de programmation pour la sécurité intérieure, fait l'objet d'une forte inquiétude qu'IRIS a manifestée dès le 16 juillet 2002. Il nous apparaît par conséquent nécessaire d'analyser finement les textes législatifs français actuels, pour en souligner à la fois les incohérences et les atteintes aux droits et libertés fondamentaux qu'ils présentent, avant de proposer nos recommandations pour leur modification, dans le cadre de la transposition du "paquet télécom" dans la législation nationale.

État actuel de la législation française

Les textes considérés comme posant problème et examinés ici sont :

- la loi n° 86-1067 du 30 septembre 1986, modifiée par la loi n° 2000-719 du 1er août sur la liberté de communication (articles 43-9 et 43-10) ;
- la loi n° 2001-1062 du 15 novembre 2001 sur la sécurité quotidienne (articles 29, 30 et 31) ;
- la loi n° 2001-1276 du 28 décembre 2001, loi de finances rectificative pour 2001 (article 62) ;
- la loi n° 2002-1094 du 29 août 2002, loi d'orientation et de programmation pour la sécurité intérieure (article 1er approuvant l'annexe I).

Loi sur la liberté de communication

L'article 43-9 dispose que les intermédiaires techniques, fournisseurs d'accès et d'hébergement, sont tenus de conserver toute donnée permettant l'identification des auteurs de contenus hébergés par leurs services. L'application de cette disposition reste toutefois soumise à la publication d'un décret en Conseil d'État, qui devra être pris après avis de la Commission nationale de l'informatique et des libertés (CNIL). Ce décret devra déterminer la nature des données à conserver, ainsi que la durée et les modalités de cette conservation par les fournisseurs d'accès et d'hébergement. Notons que deux ans après l'adoption de cette disposition, ce décret n'a toujours pas été adopté. Si cette loi impose aux intermédiaires techniques de détenir ces informations concernant leurs abonnés, elle fixe néanmoins des garde-fou pour l'utilisation de ces données personnelles. Ainsi, seule l'autorité judiciaire peut en requérir communication auprès des prestataires techniques concernés et ces derniers peuvent être sévèrement punis pour toute autre utilisation des données : le défaut de préservation de la sécurité des données ou leur communication à des tiers est puni de cinq ans d'emprisonnement et de 300 000 euros d'amende (article 226-17 du code pénal) ; le fait de détourner ces données de leur finalité est puni des mêmes peines (article 226-21 du code pénal). L'application de l'article 226-22 du code pénal au traitement de ces données vient encore renforcer ces garde-fou.

L'article 43-10 fait obligation aux prestataires d'hébergement de fournir à leurs abonnés des moyens techniques d'indiquer leurs données d'identification : les personnes morales doivent tenir à disposition du public leur dénomination ou raison sociale ainsi que l'adresse de leur siège social. Elles doivent aussi indiquer publiquement le nom du directeur ou du codirecteur de la publication et celui du responsable de la rédaction du service s'il y a lieu ; les personnes physiques doivent tenir à disposition du public leurs nom, prénom et adresse de domicile. Toutefois, si elles éditent les contenus à titre non professionnel et qu'elles ne souhaitent pas cette publicité, elles peuvent ne tenir à la disposition du public qu'un pseudonyme. C'est le fournisseur d'hébergement qui devra alors détenir les données d'identification correspondantes. Dans tous les cas, ces informations doivent être accompagnées des coordonnées du fournisseur d'hébergement (nom et dénomination ou raison sociale). On notera que cette obligation de fourniture de données d'identification est dépourvue de sanction spécifique et que les fournisseurs d'hébergement n'ont aucune obligation de vérifier l'exactitude ou la complétude des données ainsi fournies.

Loi sur la sécurité quotidienne de novembre 2001

L'article 29 précise, par un article L. 32-3-1 à insérer dans le code des postes et télécommunications, les obligations des opérateurs de télécommunications (fournisseurs d'accès inclus) en matière d'effacement, de conservation, de traitement et/ou de transmission à des tiers des données techniques en leur possession.

Le I de l'article 32-3-1 transpose déjà l'article 6 de la directive "Vie privée et communications électroniques". Il indique que les opérateurs "sont tenus d'effacer ou de rendre anonyme toute donnée technique relative à une communication dès que celle-ci est achevée". Le III de l'article 32-3-1 autorise les opérateurs de télécommunications à utiliser et conserver certaines données pour des besoins de facturation et de paiement, ainsi que pour d'éventuels problèmes de contentieux, jusqu'à prescription. Les données concernées doivent être précisées par décret en Conseil d'État pris après avis de la CNIL, non encore adopté. Il dispose également que les opérateurs peuvent effectuer un traitement des données en vue de commercialiser leurs propres services de télécommunications, sous réserve du consentement exprès de leurs usagers. Le IV de l'article 32-3-1 implique que la conservation et le traitement autorisés pour les données restent soumis à la loi Informatique et libertés, et que les données techniques concernées sont limitées, de sorte que ces données "portent exclusivement sur l'identification des personnes utilisatrices des services fournis par l'opérateur et sur les caractéristiques techniques des communications assurées par ce dernier", et "ne peuvent en aucun cas porter sur le contenu des correspondances échangées ou des informations consultées, sous quelque forme que ce soit, dans le cadre de ces communications". Notons que ces formules excluent de la conservation et du traitement, outre bien entendu le contenu des correspondances privées, les données de navigation (consultation de sites Web). Toutefois, elles n'excluent pas les données relatives à l'identité des personnes impliquées dans une communication, y compris une communication privée.

Le II de l'article 32-3-1 prévoit la possibilité, en dépit du I du même article, de conserver jusqu'à un an toute donnée technique relative à une communication, y compris les personnes impliquées, en tant qu'expéditrices ou destinataires d'une communication privée. Cette conservation de données a pour unique but éventuel leur mise à la disposition de l'autorité judiciaire. La teneur des données et leur temps de conservation sont déterminés par décret en Conseil d'État pris après avis de la CNIL. Ce décret n'a pas encore été adopté.

Le défaut d'effacement ou d'anonymisation des données, ainsi que le défaut de conservation des données, sont punis d'un an d'emprisonnement et de 75 000 euros d'amende. Les personnes physiques encourent également l'interdiction d'exercer leur activité professionnelle pendant cinq ans, les personnes morales peuvent être déclarées responsables pénalement et encourir les sanctions prévues aux articles 131-9, 131-38 et 131-39 du code pénal.

L'article 30 autorise le procureur de la République, la juridiction d'instruction ou la juridiction de jugement à prescrire le déchiffrement de données saisies ou obtenues dans le cadre d'une enquête ou d'une instruction. Il peut être fait appel pour le déchiffrement à toute personne ou organisme qualifié, ou, si la peine encourue est au moins égale à deux ans d'emprisonnement, aux moyens de l'État couverts par le secret de défense nationale. Dans ce dernier cas, le service de police judiciaire auquel la réquisition est adressée transmet cette dernière à un organisme technique soumis au secret de la défense nationale. Cet organisme a été créé par le décret n° 2002-1073 du 7 août 2002. Les décisions judiciaires prises en application de l'article 30 n'ont pas de caractère juridictionnel et ne sont susceptibles d'aucun recours.

L'article 31 modifie la loi n° 91-646 du 10 juillet 1991 relative au secret des correspondances émises par la voie des télécommunications. Elle impose, à la demande d'"autorités habilitées" par le Premier ministre ou les personnes qu'il aura délégués, aux fournisseurs de prestations de cryptographie de fournir les conventions secrètes de déchiffrement, ou de les mettre en oeuvre sous peine de deux ans d'emprisonnement et de 30 000 euros d'amende. La procédure de mise en œuvre de cette obligation est fixée par le décret n° 2002-997 du 16 juillet 2002.

Par ailleurs, cet article 31 oblige, sous peine de trois ans d'emprisonnement et de 45 000 euros d'amende, toute personne ayant connaissance d'une convention de déchiffrement d'un moyen de cryptographie "susceptible d'avoir été utilisé pour la préparation, la facilitation ou la commission d'un crime ou d'un délit", à remettre cette convention aux autorités judiciaires.

Loi de finances rectificative pour 2001

L'article 62 modifie l'article 65 du code des douanes, l'article L. 83 du livre des procédures fiscales et l'article L. 621-10 du code monétaire et financier. Il implique que les données conservées et traitées par les intermédiaires techniques d'accès et d'hébergement peuvent être également exigées par les agents des douanes ayant au moins le grade d'inspecteur ou d'officier et ceux chargés des fonctions de receveur, par l'administration fiscale, et par les enquêteurs habilités par le président de la Commission des opérations de bourse. Ces données conservées et traitées sont celles mentionnées tant dans la loi sur la liberté de communication que dans la loi sur la sécurité quotidienne.

Loi d'orientation et de programmation pour la sécurité intérieure d'août 2002

Cette loi, adoptée pendant la législature actuelle, ne comporte aucune disposition normative sur la conservation et le traitement des données. Toutefois, en tant que loi d'orientation et de programmation, elle affirme, dans son annexe I approuvée par l'article 1er de la loi, la volonté du gouvernement et du Parlement de "permettre aux officiers de police judiciaire, agissant dans le cadre d'une enquête judiciaire, sur autorisation d'un magistrat, d'accéder directement à des fichiers informatiques et de saisir à distance par la voie télématique ou informatique les renseignements qui paraîtraient nécessaires à la manifestation de la vérité". Il s'agit donc de permettre à la fois l'interception des communications et l'accès direct aux données conservées par les intermédiaires techniques d'accès et d'hébergement, ou transitant par leurs machines.

Problèmes posés par la législation actuelle

Inintelligibilité et absence de débat démocratique

Nous ne nous étendrons pas ici sur l'absence de débat démocratique qui a caractérisé l'adoption des textes évoqués ci-dessus. Cela a déjà été amplement dénoncé, par plusieurs organisations citoyennes dont IRIS (*voir les dossiers et documents sur notre site*). Retenons d'abord que le caractère d'urgence, invoqué notamment pour l'adoption des articles de la loi sur la sécurité quotidienne, a même permis de passer outre l'inconstitutionnalité patente, sur le plan procédural comme sur le fond, pourtant reconnue par certains parlementaires eux-mêmes. Retenons ensuite qu'il n'y avait rien d'urgent à adopter des mesures prévues de longue date dans le défunt projet de loi sur la société de l'information. Retenons surtout que l'argument de l'urgence se révèle aujourd'hui particulièrement spécieux puisque ces dispositions si urgentes attendent toujours, près d'un an, parfois deux, après leur adoption, leurs décrets d'application.

Par ailleurs, l'inintelligibilité de la législation devient de plus en plus préoccupante. Il en va de même de la dispersion des dispositions dans des textes qui ne présentent parfois aucune proximité avec la question du traitement des données personnelles et de la protection de la vie privée. Nous ne citerons à cet égard que les dispositions présentes dans la loi de finances rectificative pour 2001. Outre qu'elle contredit la jurisprudence de la Cour européenne des droits de l'homme, et plus généralement les principes les plus simples de gouvernement démocratique, cette inintelligibilité conduit à des incohérences dans la législation, sur lesquelles nous reviendrons.

Graves incohérences dans la législation

Comme nous l'avons déjà exprimé, l'inintelligibilité des dispositions actuelles et leur dispersion dans différents textes mène à des incohérences. L'une d'elle, la plus grave, est due aux dispositions ajoutées à la loi de finances rectificative de 2001. En effet, le I de l'article 62 de cette loi se contente d'ajouter un élément à une longue énumération figurant à l'article 65 du code des douanes :

"Article 62 I. - A. - Le i de l'article 65 du code des douanes devient le j. B. - Il est rétabli, dans le 1° du même article, un i ainsi rédigé : "i) Chez les opérateurs de télécommunications et les prestataires mentionnés aux articles 43-7 et 43-8 de la loi n° 86-1067 du 30 septembre 1986 relative à la liberté de communication, pour les données conservées et traitées par ces derniers, dans le cadre de l'article L. 32-3-1 du code des postes et télécommunications" ;

Or, le 3° de l'article 65 du code des douanes dispose que : "Article 65 3° Les divers documents visés au 1° du présent article doivent être conservés par les intéressés pendant un délai de trois ans, à compter de la date d'envoi des colis, pour les expéditeurs, et à compter de la date de leur réception, pour les destinataires."

Il y a donc incohérence entre le délai de conservation des données de trois ans imposé par le code des douanes et le délai maximal de un an imposé par l'article 29 de la loi sur la sécurité quotidienne. De plus, la durée maximale de conservation des données imposée par la loi sur la liberté de communication n'a pas encore été fixée puisque le décret d'application de cette disposition n'est toujours pas paru.

Il ne s'agit évidemment pas ici d'une incohérence technique bénigne, mais d'une incohérence grave dans des dispositions limitant les droits et libertés fondamentaux des citoyens, garantis par la Constitution. Si cette incohérence est probablement la cause du retard de parution de plusieurs décrets d'application –ce dont IRIS ne peut que se féliciter eu égard aux atteintes aux droits et libertés fondamentaux que nous avons dénoncées– elle n'en témoigne pas moins d'une incurie qu'il faut impérativement réparer.

Difficulté de déterminer et de séparer les différentes données

La loi sur la liberté de communication fait référence à des "données de nature à permettre l'identification de toute personne ayant contribué à la création d'un contenu des services dont elles sont prestataires".

La loi sur la sécurité quotidienne considère des "données relatives à une communication" et des "catégories de données techniques", tout en précisant que ces données "portent exclusivement sur l'identification des personnes utilisatrices des services fournis par les opérateurs et sur les caractéristiques techniques des communications assurées par ces derniers".

Dans ces deux cas, la teneur de ces données doit être précisée par décret en Conseil d'État, pris après avis de la CNIL. La loi d'orientation et de programmation sur la sécurité intérieure envisage très largement tous "fichiers informatiques" et plus généralement tous "renseignements qui paraîtraient nécessaires à la manifestation de la vérité", pour autant qu'ils soient saisissables "à distance par la voie télématique ou informatique".

La directive "vie privée et communications électronique" définit en son article 2 les notions suivantes :

- "données relatives au trafic : toutes les données traitées en vue de l'acheminement d'une communication par un réseau de communications électroniques ou de sa facturation" ;
- "données de localisation : toutes les données traitées dans un réseau de communications électroniques indiquant la position géographique de l'équipement terminal d'un utilisateur d'un service de communications électroniques accessible au public" ;
- "communication : toute information échangée ou acheminée entre un nombre fini de parties au moyen d'un service de communications électroniques accessible au public. Cela ne comprend pas les informations qui sont acheminées dans le cadre d'un service de radiodiffusion au public par l'intermédiaire d'un réseau de communications électroniques, sauf dans la mesure où un lien peut être établi entre l'information et l'abonné ou utilisateur identifiable qui la reçoit".

Malgré des réflexions intenses au niveau du G8 et d'Europol, ayant mené à la publication de listes très exhaustives de données dont la conservation est jugée nécessaire par ces organismes, la détermination de la teneur des données à conserver n'est à ce jour publiquement arrêtée ni au niveau français ni au niveau européen. La distinction reste en effet très difficile à établir entre "données de localisation relatives au trafic" et "données de localisation autres que relatives au trafic". Plus généralement, avec l'évolution de l'architecture et des protocoles du réseau Internet (notamment IPv6), le développement de nouveaux services et logiciels de communication et la convergence de ces services (par exemple les "webmails", pour ne citer qu'un service déjà très répandu), il devient impossible de cloisonner les données en "données d'identification", "données de trafic" et même "données de contenu", toutes catégories de données qui constituent dès aujourd'hui un continuum d'informations. Par ailleurs, la quantité astronomique de données circulant sur le réseau Internet, ajoutée aux possibilités immenses de les interconnecter, y compris avec des données hors réseau, rend les données dites simplement de trafic extrêmement signifiantes de la vie privée des personnes.

Il est donc nécessaire de déterminer avec précision et de manière restrictive dans la loi, et non par décret, les seules données permettant l'identification de personnes pouvant faire l'objet d'une enquête dans le cadre d'une instruction judiciaire.

Atteintes aux droits et libertés fondamentaux

Nous nous contenterons de rappeler ici les atteintes aux droits et libertés fondamentaux déjà largement dénoncées par IRIS lors de la discussion parlementaire des quatre textes législatifs mentionnés ci-dessus. On trouvera sur le site Web de l'association des analyses plus détaillées à ce sujet.

La détermination de la teneur des données à conserver et de la durée de cette conservation, par décret en Conseil d'État, même pris après avis de la CNIL, contredit l'article 34 de la Constitution : seul le législateur peut limiter les garanties fondamentales accordées aux citoyens pour l'exercice des libertés publiques. Étant donné la difficulté de déterminer avec précision une séparation entre "données d'identification", "données de trafic" et même "données de contenu", les données mentionnées à l'article 29 de la loi sur la sécurité quotidienne induisent que les précisions qui y seront apportées par décret permettront de surveiller qui écrit à qui et qui consulte quoi sur Internet, ce qui constitue à l'évidence la limitation d'une liberté constitutionnelle.

Les dispositions relatives au déchiffrement des données ne présentent pas de garanties suffisantes pour encadrer la prescription du déchiffrement, ainsi que les conditions de sa réalisation. Cela vient d'être corroboré par la teneur des décrets parus respectivement en juillet et août 2002. Ces dispositions portent atteinte au secret garanti par certaines professions dans la législation française. L'absence de caractère juridictionnel et de possibilité de recours n'est absolument pas justifiée, et porte atteinte aux garanties qu'un citoyen est en droit d'attendre d'une justice loyale et équitable et d'un État démocratique, d'autant plus que l'application de cette disposition n'est pas limitée aux cas où la peine encourue est supérieure à un maximum donné. Ces dispositions portent en outre atteinte à la présomption d'innocence, et permettent non seulement l'auto-incrimination, mais également l'incrimination par les proches, ce qui les met encore en contradiction avec la législation française.

La conservation *a priori* de données, surtout pendant une durée pouvant aller jusqu'à un an, pratiquée de manière générale et systématique, à des fins exploratoires, est une pratique contraire à la Convention européenne des droits de l'homme et à la jurisprudence de la Cour européenne des droits de l'homme. Elle déroge de plus aux principes fondamentaux de l'État de droit, comme le rappelait la CNIL dans son avis sur l'avant-projet de loi sur la société de l'information. Cette mesure ne se justifie même pas par sa nécessité, puisque les données publiées par les fournisseurs d'accès français indiquent que ceux-ci parviennent à satisfaire 500 réquisitions de données par mois, sur commission rogatoire, à l'aide de données conservées en moyenne pendant trois mois ou moins. Ces données permettent la résolution des enquêtes.

Alors que ces données n'étaient censées pouvoir être requises que par l'autorité judiciaire, on a pu voir avec la loi de finances rectificatives 2001 que les possibilités de leur utilisation avaient été très vite étendues à des organismes administratifs. Le danger de cette brèche ainsi ouverte par la disponibilité des données ne peut qu'augmenter. Il est d'ailleurs déjà prévu de l'étendre dans la loi d'orientation et de programmation sur la sécurité intérieure.

Avec les dispositions envisagées dans la loi d'orientation et de programmation sur la sécurité intérieure, on franchirait le seul garde-fou qui demeurait jusqu'ici, malgré l'adoption de la loi sur la sécurité quotidienne en France et celle de la nouvelle directive européenne sur la protection des données dans le secteur des télécommunications : le passage obligé par une réquisition adressée à un opérateur de télécommunications. Bien qu'étant un faible rempart contre les atteintes aux droits et libertés des citoyens, cette étape permet néanmoins une certaine visibilité du nombre de demandes d'accès aux données personnelles conservées, de leur teneur et de la finalité de l'enquête (renseignement ou poursuites). Elle permet également une vérification, que l'on espère scrupuleuse, de la légalité de la requête adressée à l'opérateur, tenu par le secret professionnel vis-à-vis de tout autre que l'autorité judiciaire. Par son coût financier, mais également pour des questions d'image commerciale de l'opérateur, cette étape peut constituer un certain frein à l'appétit de renseignement. Enfin, la nécessité de présenter une commission rogatoire oblige au respect de la procédure d'instruction, permet son contrôle et des recours éventuels. En supprimant cette étape, loin de constituer de simples aménagements techniques pour une meilleure efficacité, une telle nouvelle loi représenterait une atteinte gravissime aux droits, aux libertés et à la démocratie.

Recommandations d'IRIS

Comme nous avons déjà pu l'évoquer, la transposition en droit français de la directive "vie privée et communications électroniques" est une occasion unique de lever les incohérences de la législation actuelle et de revenir à une législation vraiment protectrice des droits des citoyens. Ajoutons aux problèmes soulignés ci-dessus le fait que la loi sur la sécurité quotidienne, tout au moins ses dispositions qui nous intéressent ici, n'ont été adoptées que pour une durée allant jusqu'à décembre 2003, et il devient clair que cette occasion de la transposition du "paquet télécom" avant fin juillet 2003 doit impérieusement être saisie. IRIS fournit ici ses recommandations à cet égard.

Recommandations pour l'intelligibilité et l'accès au droit

La France a été le premier pays à se doter d'une loi protectrice des données personnelles et de la vie privée, avec la loi de 1978 relative à l'informatique, aux fichiers et aux libertés. Cette loi, bien pensée, cohérente, fondée sur des principes et définitions clairs, et regroupant en un même texte toutes les dispositions pertinentes, ne fait qu'aujourd'hui l'objet d'une révision profonde, après plus de trente ans de "bons et loyaux services". Sa première modification partielle n'est d'ailleurs intervenue qu'en 1988. Cette loi a servi de modèle à plusieurs autres pays, qui ont adopté et qui adoptent encore aujourd'hui une législation similaire, parfois au mot près (cas du Maroc par exemple). Elle a également inspiré, par bien des aspects, la rédaction de la directive européenne 95/46/CE relative à la protection des données personnelles et à la libre circulation de ces données.

IRIS recommande de suivre la même approche pour redéfinir la législation française relative aux communications électroniques, aux droits des citoyens et aux libertés.

L'effet d'une telle loi abrogerait et remplacerait notamment les dispositions examinées en section 3.2 de ce document. Une telle décision montrerait une réelle volonté gouvernementale et parlementaire pérenne d'instaurer un vrai débat démocratique dans notre pays, de mettre la loi à la portée du citoyen mais aussi, il faut bien en convenir, de faciliter le travail des juristes, des autorités de justice et de police, de l'administration dans son ensemble, de la société civile et du secteur économique. Qu'il s'agisse de l'utilisation des données dans le cadre d'enquêtes judiciaires, d'utilisations commerciales, des relations des citoyens avec l'administration ou encore dans le cadre du travail, une telle loi pourrait servir de référence à tous, sans oublier que les chantiers sont encore nombreux, ne serait-ce que dans le cadre de l'administration électronique. Enfin, une telle loi témoignerait d'un souci de démocratiser l'accès au droit.

Recommandations pour lever les incohérences

L'incohérence démontrée entre la loi sur la sécurité quotidienne et le code des douanes ne peut subsister. En outre, le risque d'autres incohérences ne peut être pris.

IRIS recommande de fixer une fois pour toutes, et dans un texte unique de référence, la durée maximale de conservation des données en toutes circonstances ; la teneur de ces données ; les finalités autorisées de cette conservation ; les conditions dans lesquelles ces données sont conservées ; les conditions générales dans lesquelles ces données peuvent être utilisées.

Ces dispositions devront obéir à la définition de principes simples en ouverture du même texte. Elles pourront bien entendu faire l'objet de spécifications plus précises dans les articles pertinents. Parmi ces principes généraux, on trouvera par exemple l'affirmation de la confidentialité des communications (au sens du 1 de l'article 5 de la directive "Vie privée et communications électroniques").

Recommandations pour surmonter la difficulté de déterminer les données

Étant entendu que la recherche des responsables d'infractions commises est tout à fait légitime, pour autant qu'elle soit encadrée des garanties nécessaires dans un État de droit, il convient d'établir les conditions raisonnables de cette recherche.

Les données de connexion d'un utilisateur à Internet fournissent les informations sur les auteurs de contenus mis à disposition publique comme sur les auteurs de communications à destination d'un nombre fini de parties. Il s'agit d'une part des données de connexion à Internet (sans trace des services utilisés, l'adresse IP est suffisamment signifiante) détenues par les fournisseurs d'accès, et d'autre part des données de connexion au serveur sur lequel résident les contenus, ainsi que le journal des modifications des pages hébergées, ces données étant en possession du fournisseur d'hébergement. L'ensemble de ces données permet d'identifier l'auteur d'un contenu litigieux, que ce contenu soit public ou non.

Les données d'identification sont des données fournies par un abonné à un fournisseur d'accès et/ou d'hébergement, lors de la création du contrat d'abonnement. Ces données varient actuellement selon le fournisseur. Lorsque le service est payant, elles comprennent forcément des informations nécessaires à la comptabilité du fournisseur et à sa gestion des comptes, ainsi qu'à la facturation du service à l'abonné. Certains fournisseurs gratuits demandent des coordonnées postales complètes, le contrat d'abonnement prenant effet à la réception par le fournisseur d'une lettre de confirmation de l'abonné. D'autres fournisseurs gratuits proposent des abonnements immédiats par voie électronique : il suffit alors parfois de n'indiquer qu'une adresse de courrier électronique, qui peut être ou non identifiante. Il existe toutefois peu de cas où l'anonymat est total, car on peut en général remonter jusqu'à un fournisseur d'accès détenant des informations plus complètes.

Ces données de base sont de toute façon conservées par l'immense majorité des fournisseurs d'accès sérieux, qu'ils soient du secteur marchand ou non marchand. Elles leur permettent d'assurer la maintenance et la sécurité de leurs réseaux et machines et de répondre aux besoins de facturation et de contentieux le cas échéant. Elles constituent des données raisonnables et suffisantes pour la recherche des responsables d'infraction.

IRIS recommande que seules les données de connexion et les données d'identification ainsi définies puissent être conservées par les intermédiaires techniques d'accès et d'hébergement, dans les conditions de secret professionnel établies dans la loi sur la liberté de communication, et pour une durée n'excédant pas la durée normale de conservation pour les besoins de maintenance et de sécurité des réseaux, ainsi que de facturation éventuelle. Pour les données autres que de facturation, la durée maximale autorisée de conservation ne doit pas excéder trois mois.

Cette durée maximale de trois mois correspond à des besoins raisonnables de maintenance et de sécurité des systèmes, à la pratique des intermédiaires techniques, aux recommandations des autorités de protection des données, ainsi qu'aux statistiques fournies par certaines autorités de police (comme celle du National High-Tech Crime Unit du Royaume-Uni), reconnaissant que 95 % des infractions dites de "vie quotidienne" peuvent être résolues à l'aide de données datant de moins de trois mois (informations fournies lors d'une réunion d'experts organisée par la Commission européenne en préparation au forum sur la cybercriminalité). Toujours d'après les chiffres fournis par le Royaume-Uni, les infractions dites "sérieuses et de criminalité organisée" nécessitent des données datant de six à vingt-quatre mois (85 %) ou datant de plus de vingt-quatre mois (15 %). Enfin, les crimes graves comme les meurtres ou les actes terroristes peuvent nécessiter des données datant de cinq ans. On comprend à la fois l'insuffisance d'une période de conservation de un an, voire deux ans, pour la résolution de telles affaires, et le caractère tout à fait disproportionné, dans un pays démocratique, d'une telle période de rétention systématique des données. Cela n'empêche pas que, dans le cadre d'enquêtes pour crimes graves, certaines personnes ou groupes de personnes puissent être mis sous surveillance particulière, au cas par cas et avec toutes les garanties nécessaires dans un État de droit.

Recommandations pour le respect des libertés et des droits fondamentaux

Outre les recommandations générales fournies ci-dessus, il nous apparaît fondamental de revenir sur certaines dispositions précises déjà adoptées afin de les abroger, ou envisagées dans la loi d'orientation et de programmation sur la sécurité intérieure afin de les abandonner.

IRIS recommande de remplacer les articles 43-9 et 43-10 de la loi sur la liberté de communication par les dispositions générales définies ci-dessus pour la conservation des données de connexion et d'identification.

Cette recommandation supprime en outre la nécessité de décret d'application. Il peut en aller facilement de même pour l'article 29 de la loi sur la sécurité quotidienne.

IRIS recommande de remplacer le II de l'article L. 32-3-1 du code des postes et télécommunications, introduit par l'article 29 de la loi sur la sécurité quotidienne, par les dispositions générales définies ci-dessus pour la conservation des données de connexion et d'identification.

Les données de connexion et d'identification ne doivent servir qu'aux besoins techniques des fournisseurs d'accès et d'hébergement, ainsi qu'à la recherche des auteurs d'infractions dans le cadre d'une instruction judiciaire. Leur extension à une utilisation par l'administration, quelle qu'elle soit, n'est pas admissible dans un pays démocratique. Il se trouvera toujours de "fausses bonnes raisons", le plus souvent d'opportunité conjoncturelle, de la prescrire, mais IRIS considère que les principes de proportionnalité et de finalité de la collecte et du traitement des données personnelles doivent demeurer, en tant que principes cardinaux, au-dessus de ces contingences.

IRIS recommande la suppression de l'article 62 de la loi de finances rectificatives de 2001, et de ses conséquences sur le code des douanes, le livre des procédures fiscales et le code monétaire et financier.

Toujours au motif de la finalité principale de la conservation des données de connexion et d'identification (besoins techniques des intermédiaires et recherches de responsabilité) et dans le souci de garantir des garde-fous minimaux par le recours obligé à la réquisition de données sur commission rogatoire, IRIS estime nécessaire que les données soient conservées par les intermédiaires techniques eux-mêmes, et fournies à l'autorité judiciaire dans des conditions strictes établies par la loi.

IRIS recommande que les mesures envisagées dans la loi d'orientation et de programmation sur la sécurité intérieure pour l'accès direct par les autorités de police judiciaire aux bases de données des intermédiaires techniques soient abandonnées.

Concernant le déchiffrement des données (articles 30 et 31 de la loi sur la sécurité quotidienne), il n'est pas admissible qu'au prétexte du progrès technique, on s'autorise à bafouer les principes généraux de l'État de droit et plus spécialement les garanties relatives au respect de la présomption d'innocence, au respect du secret professionnel, à l'interdiction de l'auto-incrimination et de l'incrimination par les proches, ainsi qu'aux droits légitimes de la défense, notamment le droit à un procès équitable et au recours.

IRIS recommande la modification des articles 30 et 31 de la loi sur la sécurité quotidienne, ainsi que de leurs décrets d'application, de sorte que : toute demande de déchiffrement ne puisse émaner que de l'autorité judiciaire, sous le contrôle du juge des libertés et de la détention ; la procédure de déchiffrement respecte les droits de la défense, notamment l'information et le droit de recours ; la procédure de déchiffrement respecte le secret professionnel et les garanties accordées à certaines professions par la législation ; la procédure de déchiffrement n'autorise pas l'auto-incrimination ou l'incrimination par les proches.

■

Thomas Lamarche

Une tendance internationale

Le cybercontrôle et sa régulation-réglementation constituent une tendance internationale. Nous proposons ici trois points de vue issus des travaux des correspondants du CREIS, qui se sont retrouvés lors des journées pédagogiques de mai 2002 sur le thème : "Comment la mondialisation influence-t-elle les réglementations nationales des NTIC ?"

Derrière la similitude des questionnements et des processus juridiques, le cybercontrôle apparaît fortement lié à la culture et à l'histoire contemporaine. La perspective suisse est tout à fait éloquente sur l'opacité du pouvoir dans une démocratie qui vante son système direct (référendum). Armin Murmann, ingénieur et sociologue, professeur à la Haute École spécialisée de santé-social à Genève, est membre de la commission cantonale de la protection des données à Genève, ce qui lui offre un bon poste d'observation de la situation helvétique.

Magda Talamo et Mariella Berra, professeures de sociologie des réseaux d'information à la Faculté de sciences politiques de l'université de Turin, nous font découvrir la situation italienne, qui réserve, elle aussi, des surprises avec d'importants fichiers inconnus.

Eva Simon, juriste, chercheur à l'ISTRI à Budapest, développe une analyse qui nous permet de comprendre plus en profondeur le passage d'une démocratie populaire à une insertion dans l'Union européenne. La position de la *privacy* joue un rôle assez particulier dans un pays qui a eu à souffrir de pratiques inquisitoriales dans son histoire proche.

■

La protection des données en Suisse excursion au pays du fichage

Armin Murmann*

En septembre 2002, presque jour pour jour une année après la destruction des *Twins* à New York, la ministre suisse de la Justice, Mme Ruth Metzler, ancienne cadre chez PriceWaterhouse & Coopers, a conclu un accord avec les États-Unis, facilitant les échanges d'information bilatéraux sur les activités, présumées ou non, du terrorisme international. Dans ce but des agents de renseignement des pays contractants seront accueillis mutuellement. Ce pas, probablement unique dans un pays qui clame haut et fort sa neutralité, est un signe plus que significatif de la volonté de notre gouvernement de collaborer avec les États-Unis dans leur croisade contre le Mal. Que la Suisse, en contrepartie, attende de la compréhension de la part des États-Unis pour sauvegarder le fameux secret bancaire est plus qu'une hypothèse, car, à peine un mois plus tard, les États-Unis réitèrent leur refus de collaborer avec l'Union européenne sur l'évasion fiscale, qui elle est liée intimement, du côté suisse, au secret bancaire. C'est la nouvelle entraide entre pays riches.

Il est donc instructif d'observer de plus près l'évolution de la protection de la sphère privé depuis le 11 septembre 2001. C'était d'ailleurs un des sujets de réflexion lors des journées d'étude du CREIS à Paris en mai 2002. Le cas de l'Helvétie paraît dans ce contexte particulièrement intéressant.

Dans nos sociétés occidentales riches tout le monde est "fiché"; fiché dans le sens qu'il existe des informations enregistrées dans un fichier informatisé sur la personne en question, sur ces activités, sa mobilité géographique, ses opinions, ses habitudes, etc.

On est fiché comme client-consommateur quand on achète un poulet dans une grande surface de vente à l'aide d'une carte de fidélité, quand on paie son billet de train avec une carte de crédit, quand on s'abonne à un magazine, quand on se branche sur un site Web via les *cookies* et ainsi de suite. Ces données cumulées et réorganisées permettent d'établir des profils de consommateur très sophistiqués. Il existe un vaste et lucratif commerce avec ces bases de données qui alimentent à leur tour des *datawarehouses* utilisés pour orienter les stratégies de marketing et de production de grandes entreprises. Le consommateur ne s'étonne de ces activités sournoises qu'au moment d'un refus de crédit bancaire ou d'une apparition sur une liste noire de locataires récalcitrants ou d'assurés supposés tricheurs, etc.

* Membre de la Commission cantonale de la protection des données à Genève.

On est fiché comme habitant d'un pays quand on est malade, quand on reçoit une prestation sociale, quand on veut un passeport, quand on réserve un emplacement dans un cimetière. La raison officielle est : c'est pour mieux vous soigner, mieux vous servir, mieux vous prévenir un jour des dangers potentiels qui vous guettent.

On est fiché comme étranger, comme usager de la route, comme participant d'une manifestation... par la police, par les services de renseignement, les douaniers. On nous dit que c'est pour lutter contre les clandestins, les faux réfugiés, les criminels, les hooligans et, plus récemment, pour lutter contre les terroristes, le terrorisme international mettant en danger non seulement nos vies, mais aussi nos démocraties.

Pour mieux comprendre comment le fichage administratif et policier se pratique dans notre brave Helvétie, voici un petit tour historique en arrière.

1848 - Création de la Confédération (État libéral et démocratique) après une courte guerre civile qui voit l'emporter les héritiers timides de la Révolution française sur les forces conservatrices voulant préserver l'Ancien régime. En Helvétie, État fédéral, il n'y a pas de police uniformisée fédérale, il n'y a que des corps de police cantonaux. Toutes les tentatives d'en créer une ont échouées jusqu'à maintenant.

1889 - Quarante ans après, le chancelier Bismarck de la nouvelle puissance allemande impose à la petite Suisse une police "politique" (PP). C'est la première collaboration transfrontalière pour mieux traquer "l'autre". L'autre, celui qu'il faut surveiller, est en occurrence "le socialiste", ennemi déclaré de l'État prussien. La Suisse s'y appliquera.

1989 - Cent ans plus tard, c'est le scandale des fiches. Une commission d'enquête parlementaire (CEP) découvre, un peu par hasard, une base de données contenant plus de 900 000 fiches ou dossiers personnalisés (sur une population de 6,5 millions d'habitants). Les informations ont été récoltées, sans base légale, pendant toute la guerre froide par la PP. Il y a des sous-fichiers sur les terroristes, les extrémistes, les homosexuels, les séparatistes (mouvement autonomiste du futur canton du Jura), les trotskistes, etc. Le scandale occupe la presse et le monde politique pendant de longs mois. Pour y figurer, il suffisait d'assister à un voyage culturel à Prague en tant que maire d'une ville suisse. Ainsi, même des personnalités de partis bourgeois, connues comme anticommunistes, ont été fichées. 350 000 personnes ont demandé leur dossier dont un bon dixième l'a reçu, par la poste au domicile. Toute une partie des données, en particulier les noms des délateurs, a été caviardée (biffée d'une façon illisible).

1990 - Une 2e CEP enquête sur les services de renseignements militaires et découvre l'existence d'une armée secrète (P26) et d'un service de renseignement secret (P27). Ces deux organismes ont été créés sans base légale, mais avec la complicité de l'armée et de l'administration fédérale. Certaines des personnes impliquées jouent encore aujourd'hui un rôle politique de premier plan en tant que député aux chambres fédérales.

1991 - À la suite des scandales des fiches et des agissements illégaux des groupes P26 et P27, une initiative populaire pour l'abolition de la police politique est déposée à la chancellerie fédérale. Elle sera refusée, dans l'indifférence presque totale, huit ans plus tard par trois quarts des votants.

1993 - Entrée en vigueur de la première loi suisse sur la protection des données. Après quinze ans de tergiversations dans de multiples commissions parlementaires, c'est une loi édentée et molle qui voit le jour. Elle comprend deux parties : le premier volet définit les règles pour l'administration publique fédérale, l'autre régit le secteur privé. L'économie privée peut très bien vivre avec cette loi. Elle est peu contraignante. Aussi longtemps que les données restent confinées au sein de la même entreprise tout est permis. Par ailleurs, la loi ne comporte pas d'obligation d'informer les personnes fichées ; il n'y a pas de visibilité (catalogue public consultable) et le PFPD (le préposé fédéral à la protection des données) n'a qu'un pouvoir de propositions. On est loin de la CNIL en France ou des "*Datenschutzbeauftragten*" des *Länder* en Allemagne.

Les administrations cantonales ne tombent pas sous cette loi fédérale. Pour protéger les citoyens d'un canton d'un fichage excessif par leurs administrations respectives, il faut légiférer au niveau cantonal, ce que tous les cantons n'ont pas encore fait.

1998 - Dix ans après le scandale des fiches, le Parlement vote une nouvelle loi sur la sécurité de l'État (sûreté intérieure). Elle est présentée comme une sorte de contre-proposition à l'initiative pour la suppression de la police politique et ne suscite plus beaucoup d'opposition. Cette loi abolit le droit de regard sur les données de la police politique, conquis de haute lutte pendant l'affaire des fiches. Les activités politiques et l'exercice des libertés garanties (se réunir, s'exprimer publiquement) peuvent être de nouveau observés et fichés.

2001 - Après plusieurs manifestations contre les politiques néolibérales menées par les grandes organisations internationales, dont l'OMC, qui a son siège à Genève, la répression et le contrôle policiers se sont sensiblement accrus. Lors de la réunion du Forum économique mondial de Davos en février 2001, les marches de protestation à Davos même sont interdites. Des manifestations qui ont lieu, malgré les interdictions, dans la station alpine et dans plusieurs villes suisses sont sévèrement réprimées. Le canton de Genève, qui, pendant des années, avait opté pour une attitude plutôt tolérante face aux manifestations politiques, décide de créer un ficher des "hooligans". Officiellement, ce fichier a pour but de repérer les trouble-fêtes à l'entrée des stades et au passage à la frontière proche. En vérité, il est destiné à accueillir les données des protestataires antimondialistes.

Puis il y a le 11 septembre 2001 à New York.

Quels sont les effets repérables des événements du 11 septembre sur la politique sécuritaire suisse ?

Après l'affaire des fiches en 1989, le mot "fiché" est resté banni des médias. Aucun homme politique ne voulait se brûler en demandant publiquement un contrôle plus stricte impliquant le fichage de personnes présumées innocentes. Depuis l'attaque du 11 septembre les langues se délient et il devient "*politically correct*" de demander un contrôle plus sévère de certains groupes sociaux dangereux pour le bien-être des Suisses. La lutte contre les terroristes est une affaire sérieuse, admise par tout le monde.

Au-delà de ce changement d'ambiance générale, le gouvernement et les députés n'ont montré aucun empressement à légiférer dans la hâte. Il faut rajouter que la nouvelle législation adoptée il y a trois ans, qui a permis de réorganiser l'office fédéral de la police et qui définit les nouvelles compétences en matière du lutte antiterroriste, est jugée tout à fait adéquate. Une autre raison qui peut expliquer l'absence de mesures urgentes, comme en Allemagne, Grande-Bretagne et dans d'autres pays encore, réside dans la lenteur habituelle avec laquelle la démocratie directe fonctionne en Suisse. Rappelons à ce sujet les huit ans qui se sont écoulés entre l'affaire des fiches et la votation sur l'abolition de la police politique. Entre-temps la colère qui agitait le citoyen moyen à propos des activités illégales de la police était retombée.

Le seul arrêté fédéral publié qui est en lien directe avec les événements du 11 Septembre rappelle simplement le devoir d'information de toutes les administrations, institutions et organisations en possession d'éléments concernant le terrorisme international.

En dehors du cadre législatif, par contre, la Confédération a été très active. Le plus souvent, disent les mauvaises langues, le gouvernement suisse devance même les éventuelles demandes des États-Unis. La Suisse est très certainement plus atlantiste qu'européenne. La droite politique a été toujours le plus fidèle allié des États-Unis. Pour l'anecdote, la *Neue Zürcher Zeitung*[1], liée à la haute finance helvétique, a encore défendu l'engagement militaire américain au Vietnam, quand il n'y avait plus aucun éditorialiste sérieux aux États-Unis à le soutenir.

C'est ainsi que l'utilisation a-critique de la liste "terroristes potentiels" diffusée par les États-Unis via l'ONU ne pose visiblement que peu de problèmes aux autorités suisses. Cette liste noire vise toute personne ou organisation soupçonnée d'activité terroriste. La personne ou organisation qui y figure n'a aucun moyen de former un recours ni en Suisse ni aux États-Unis, alors qu'aucun élément explicatif ou preuve n'est fourni par le FBI, qui en est l'auteur. La presse a publié le cas d'un ancien professeur de l'École polytechnique fédérale à Lausanne, d'origine

1. Troisième grand quotidien de la presse suisse, *Neue Zürcher Zeitung* est édité comme son nom l'indique à Zurich. Il est considéré comme un des meilleurs journaux de la Suisse. C'est la référence de la haute finance en Suisse, son positionnement est néolibéral.

égyptienne, qui s'est vu bloquer tout accès à ses comptes en banque. Il figurait sur la liste.

Le fait que le gouvernement n'a pas tout de suite saisi le Parlement de nouveaux projets de loi ne signifie nullement que ne soient pas envisagées ou discutées publiquement diverses initiatives sur le plan légal.

Il est question d'introduire un contrôle préventif des communications téléphoniques et postales. Par ailleurs, le fait que soient vendues en Suisse des cartes téléphoniques à puce qui permettent d'utiliser un téléphone mobile, en Suisse ou à l'étranger, sans pouvoir identifier le propriétaire du téléphone mobile, a irrité plus d'un pays. Un premier débat parlementaire a déjà eu lieu à ce sujet

L'utilisation d'agents provocateurs *sous couvert* est évoquée. Ces agents de la sûreté s'infiltrent dans des milieux de la drogue ou des groupes politiques, ils y agissent pendant des mois, des années sans se dévoiler. Lors des manifestations politiques, ils incitent souvent des manifestants à des actes de violences en les commettant eux-mêmes. De ce point de vue, *agent de sûreté* et *agent provocateur* sont synonymes. Ce moyen a été déjà souvent utilisé dans le passé, même si les polices cantonales s'en sont toujours défendues.

Plus grave est la proposition d'introduire un motif pénal supplémentaire de taille : l'appartenance à une "organisation terroriste". Cette adjonction dans le code pénal suisse offrirait à la police politique puis à la justice un vaste champ d'intervention contre des groupes politiques contestataires.

L'Office fédéral de la police héberge en Suisse les différents services de lutte contre le terrorisme, l'extrémisme et des renseignements généraux. En réorganisation permanente depuis l'affaire des fiches et doté de nouvelles compétences par la loi sur la sécurité de l'État de 1998, cet Office a mis en place ou redéfini depuis quinze ans une kyrielle de bases de données informatisées qui sont le plus souvent accessibles aux polices cantonales.

Longtemps la Suisse était connue pour son absence de statistiques socio-économiques. Les bases de données les plus complètes et les plus fiables ont été les registres des différentes races de vaches laitières. Ce qui était par contre moins connu, avant l'affaire des fiches, c'est le zèle qu'avaient développé les agents de police politique (en étroite collaboration avec les polices des 26 cantons) pour ficher les habitants du pays. Entre-temps, l'avènement de l'informatique a certes aidé à améliorer la qualité et la quantité des données récoltées. Voici un choix de systèmes d'information utilisés pour montrer l'ampleur du contrôle que l'Office peut exercer sur les résidents du pays :

- RIPOL : système de recherche de personnes, de véhicules et d'autres objets, de crimes et délits non élucidés. C'est la bible de chaque agent. Quelques années en arrière, cet annuaire était encore régulièrement édité sous forme de livre de poche ;
- RCE : registre central de tous les résidents étrangers. Rappelons qu'en Suisse environ 20 % des habitants sont des étrangers ; dans le canton de Genève ce chiffre atteint même les 38 % ! Ces pourcentages donnent une

idée du nombre de personnes globalement fichées, parce qu'elles ne possèdent pas le passeport à croix blanche. La nouvelle loi sur les étrangers, en préparation, permettra la saisie de données biométriques pour contrôler et assurer l'identité des étrangers (11 septembre oblige). Dans un premier temps, il est prévu d'installer des caméras vidéo à l'aéroport de Zurich qui filmeront les passagers arrivant des pays africains et latino-américains. Un calculateur établira une géométrie du visage (méthode de "*face-recognition*"). Le temps de réponse du système pour une identification est estimé au temps record de deux secondes! Ces données seront stockées trente jours seulement, assure-t-on ;

- ISIS (1994) : système d'information relatif à la sûreté intérieure. C'est le fichier de la police politique. Il a été exploité pendant quatre ans sans base légale. Depuis l'entrée en vigueur de la nouvelle loi sur la sûreté de l'État, le droit de regard est réduit à néant. Dans le cas d'une interpellation, la réponse donnée par le préposé fédéral à la protection des données est une réponse standard : "On va vérifier vos données et si nécessaire les corriger". Et c'est tout. Il n'y a aucun autre moyen d'intervenir. Après le scandale des fiches, ce droit de regard a été obtenu par la pression "de la rue". Des dizaines de milliers de personnes (sur les 350 000) qui n'avaient pas été satisfaites des premières réponses pouvaient s'adresser à un Ombudsman qui leur envoyait le dossier au complet. C'est donc un retournement de situation assez spectaculaire. Dans les trois dernières années, de 1998 à 2001, plus de 100 000 personnes ont "transité" par cette base, qui contient en moyen les données de 50 000 personnes. Pour y figurer il suffit de participer à une manifestation politique ayant provoqué des dégâts matériels ;
- JANUS (2000) : contient les informations concernant le crime organisé, en particulier le trafic illicite de stupéfiants, la traite et l'exploitation sexuelle, la pornographie et la fausse monnaie ;
- AFIS : système d'identification automatisé des emprutes digitales. Ces informations sont complétées par une base de donnés d'empreintes génétiques (ADN). Mise en place en 2000 pour une période limitée de quatre ans, elle contient déjà plus de 20 000 individus. Dans plusieurs cantons des données ADN étaient aussi déjà récoltées d'une façon "expérimentale". Maintenant, une nouvelle loi fédérale devrait mettre de l'ordre dans tout cela. Les débats en cours nous font craindre le pire. En effet, le projet prévoit des enquêtes de grande envergure, soit la latitude de prélever l'identité génétique d'un cercle de personnes répondant aux caractéristiques du délinquant. On voit immédiatement l'usage raciste et discriminatoire qui peut être fait de cette possibilité. Un catalogue de délits qui autorise le fichage génétique n'est pas prévu. Les autorités auront donc l'opportunité de collectionner les signatures ADN pour des infractions de toute gravité : manquement au code de la route, larcins mineurs, voire incivilités ! Pratique déjà officialisée dans certains cantons. On se demande pourquoi on ne prélève pas le code génétique à la naissance de chaque habitant. De plus, la suppression d'informations (dont les empreintes génétiques) de personnes innocentées n'est pas prévue dans le projet de loi ;
- IPAS (2002) : le dernier-né est un système informatisé de gestion et d'indexation des dossiers pour l'identification des personnes, d'une part, et pour la correspondance avec INTERPOL et EUROPOL, d'autre part.

Au-delà des bases de données de l'Office fédéral, presque chaque canton possède ses propres fichiers informatisés. Mentionnons à ce titre la base commune de la ville et du canton de Zurich : RW2/Joufra II. Le préposé cantonal à la protection de données a dénoncé, comme sans fondement légal, l'utilisation conjointe de cette base par les deux corps de police ville et canton. Très problématique aussi est la durée de stockage très arbitraire appliquée aux délits mineurs : resquiller dans un tram de la ville, par exemple, vaut quinze ans de mémorisation.

Les accords de Schengen

La Suisse négocie actuellement un deuxième paquet d'accords bilatéraux avec l'Union européenne, dont sa propre intégration aux accords de Schengen. La droite nationaliste et une majorité de cantons sont opposés à Schengen. Ils craignent, entres autres, pour leurs prérogatives en matière de contrôle policier. La gauche a évidemment d'autres objections à faire valoir. L'abolition des contrôles aux frontières, signe très tangible et apprécié des voyageurs, fait place à un contrôle plus sournois et élargi à l'ensemble du territoire. En plus, la police de tous les pays de l'espace Schengen a accès aux bases de données européennes. Un rêve bien à la hauteur des espoirs des polices suisses.

Ce qui est cocasse lors de ce 2e *round* de négociations c'est que la Suisse est fermement priée d'abandonner le secret bancaire pour pouvoir entrer dans l'espace Schengen. Quel dilemme pour les négociateurs suisses !

Mais il y a encore la possibilité d'une voie bilatérale avec les pays voisins. En 1999, la Suisse a conclu en marge de Schengen un accord important avec l'Allemagne, dernier pays voisin de poids sans accord avec la Suisse (ceux avec l'Italie et la France sont déjà conclus). Cet accord va bien au-delà des accords de Schengen. Ces arrangements sont tellement prometteurs pour les polices des pays concernées, que l'Autriche et l'Allemagne, pourtant tous les deux membres de Schengen, souhaitent conclure le même !

Est-ce que le prochain *Big Brother Award* sera attribué à la délégation suisse aux accords bilatéraux avec l'UE ?

■

Bibliographie

JOST H. U. & al., *Cent ans de police politique en Suisse 1889-1989*, Association pour l'étude de l'histoire du mouvement ouvrier, Édition d'En Bas, 1992, Lausanne.

Digma, Zeitschrift für Datenrecht und Informationssicherheit, 1. und 2. Jahrgang, Schulthess Verlag, 2001/2002, Zürich.

Hundertfünfzig Jahre Bundesstaat und Hundertneun Jahre Schnüffelpolizei, CDRom, Verein Multimedia in der Politik, März 1998, Bern.

Presse quotidienne suisse dont www.tagesanzeiger.ch, www.lecourrier.ch.

Site du préposé fédéral à la protection des données : www.edbs.ch.

Site de l'Office fédérale de la police : www.fedpol.ch.

Notes sur la sauvegarde des données personnelles en Italie

Mariella Berra et Magda Talamo*

Le droit à la *privacy* est, en Italie, une composante des droits de la personne et il est garanti par l'article 2 de la Charte constitutionnelle de 1947.

Toutefois, la loi pour la sauvegarde des données personnelles, pour leur traitement et leur circulation est une conquête récente. C'est précisément l'absence de cette réglementation qui avait empêché la ratification de la Convention européenne de janvier 1981, en excluant l'Italie des relations de réciprocité avec d'autres pays comme la France, l'Espagne, l'Allemagne, la Norvège et la Suède.

Certaines règles pour la protection de la *privacy* à l'égard de l'utilisation des données électroniques étaient, tout de même, présentes dans le corps juridique italien.

La loi 300, du 20 mai 1970, mieux connue comme "*Statuto dei Lavoratori*" interdisait déjà à l'employeur de surveiller et de noter les travailleurs à l'aide de nouvelles technologies informatiques et aussi de recueillir des informations qui concernaient leur vie privée.

La sauvegarde des données sensibles était aussi prise en compte dans la loi créant le CED (*Centro Elaborazioni Dati*), le fichier informatique de la police d'État. Selon cette loi, l'accès au fichier était consenti uniquement au personnel de la police d'État (Loi n° 121 de 1981).

Avec la loi du 31 décembre 1996, n° 675, l'Italie s'est enfin adaptée à la directive de l'Union européenne, qui proposait une protection uniforme des données personnelles. Bref, l'Italie s'est dotée d'une loi moderne pour la sauvegarde, la collection, le traitement et la circulation des données personnelles et sensibles.

Dans le projet du législateur, cette loi veut sauvegarder deux intérêts à l'apparence difficilement conciliables : d'un côté protéger la *privacy* du citoyen, de l'autre côté permettre la légitime circulation des données.

C'est une loi complexe et articulée, qui comprend quarante-cinq articles et est organisée en dix chapitres.

Le premier décrit les principes généraux.

Le deuxième, a trait aux droits et obligations pour le sujet qui va traiter ces données.

* Université de Turin.

Marielle Berra vient d'écrire avec Angelo Raffaele Meo : *Informatica solidale : storia e prospectiva del software liberto*, Edition Bollati Boringhieri, 2001.

Le troisième, un des plus importants, concerne les très complexes règles sur les données personnelles. C'est-à-dire, les informations relatives à une personne physique, juridique, ou à une association qui permettent de les identifier même indirectement au moyen d'autres informations y compris un numéro d'identification personnelle. En même temps, les droits de l'individu fiché sont établis (droit d'information, d'accès et d'opposition) et les limitations à la faveur de siuations particulières (recherche scientifique, mise en place de statistiques, défense face à la justice et exercice de la profession de journaliste). D'autres instructions concernent la sécurité du traitement, les limitations d'emploi des données et le droit au dédommagement. Il y a aussi des règles qui précisent le type de personne chargée du traitement et les modalités de diffusion.

Le chapitre 4 concerne un thème délicat, celui des données sensibles, c'est-à-dire les informations personnelles relatives à la race, aux idées religieuses et politiques, à l'adhésion aux partis politiques et aux syndicats, à la santé et à la vie sexuelle (art. 22). Ces données peuvent être objet de traitement avec l'autorisation de la personne intéressée et l' autorisation préalable du "garant".

Le cinquième prévoit des cas particuliers.

Dans le sixième figurent des dispositions administratives et juridictionnelles.

Le septième, en conformité avec la directive européenne, prévoit l'institution du "garant" ou autorité de contrôle pour la *privacy*, ses compétences et l'organisation de son bureau. Le "garant" est un organisme collégial composé de quatre membres plus le président. Les membres, deux élus par le Sénat et deux autres par la Chambre des députés, élisent à leur tour le président. Un objectif important de ce bureau, hormis le contrôle et la possibilité d'intervention, est la promulgation de codes de déontologie professionnelle et de bonne conduite. L'autorité pour la *privacy* travaille en collaboration avec l'autorité chargée de l'informatisation dans l'administration publique.

Le huitième chapitre, présente une classification des comportements soumis aux sanctions pénales et administratives. Celles-ci punissent l'absence de communication à l'individu concerné, l'absence des précautions nécessaires pour la protection des données et l'inobservance des dispositions du "garant". En ce qui concerne les modalités du traitement, il est prévu le dédommagement et la possibilité d'interdire le traitement même (art. 31, chap. 3).

Les derniers chapitres concernent les règles d'exécution de la loi.

La sauvegarde de la *privacy*, qui se propose de protéger et de garantir le citoyen de l'intrusion autoritaire de l'État et des tiers, fait partie d'un projet qui veut rendre plus transparente et proche du citoyen l'administration publique. L'application des technologies de l'information et de la communication à l'organisation du service public a sans doute facilité le passage d'une administration autoritaire à une administration "amiable".

Concrètement, l'impact de cette loi est encore faible. Les coûts d'accès, la complexité des contrôles et des évaluations que l'on doit faire, découragent l'utilisation de la loi. Il est surtout très difficile d'exercer son propre droit de simple citoyen. Il serait important de créer des associations qui aident les citoyens.

Deux problèmes importants concernent :

- la relation entre le traitement des données sensibles et le droit d'information ;
- la mise en archives des données, la construction et la gestion des fichiers.

Quand le traitement de données est exercé dans le cadre de la profession de journaliste, il n'y a plus besoin de l'autorisation de l'individu intéressé. Bien sûr des obligations demeurent pour le journaliste. Il doit respecter un code de déontologie professionnelle et se conformer au *droit de chronique* c'est-à-dire au principe d'une information essentielle en ce qui concerne les événements d'intérêt public. Les recommandations prévues restent générales. En conséquence, elles ont donné lieu récemment à de nombreuses interventions du "garant" par rapport aux événements concernant la protection des mineurs, la santé et la vie sexuelle.

La nécessité de concilier différentes exigences (par exemple, le droit du citoyen et celui du journaliste) a conduit à de nombreuses limitations des droits du citoyen du fait de dispositions plus favorables au journaliste, tout en sauvegardant le secret professionnel.

En ce qui concerne le second problème mentionné, il est bien connu que l'emploi de l'ordinateur a permis de construire des fichiers d'une grandeur inimaginable en combinant un grand nombre d'informations pour chaque individu.

La problématique de la liberté "*della informatica*" (la libre circulation des données) s'oppose à celle de la liberté "*dalla informatica*" (liberté de n'être pas soumis au contrôle de l'informatique).

Nous pensons qu'une gestion transparente et libre des données peut est à priviligier. Toutefois, on doit affronter le prétendu paradoxe de la surveillance selon lequel les moyens pour garantir les droits des citoyens deviennent instrument pour les gouvernements et pour qui a le pouvoir d'accroître ultérieurement son pouvoir de contrôle. Cette problématique fait objet de débat même au niveau de la presse.

Il y a quelques mois, le quotidien *La Repubblica* –dans un article de G. Monastra– signalait que dans le rapport annuel 2001 du "garant" pour la *privacy* M. Stefano Rodotà, on pouvait découvrir une espèce d'anomalie italienne dans le traitement et le classement des données personnelles. Il existe chez nous une sorte d'énorme fichier de 500 milliards de données téléphoniques, messages, informations personnelles qui sont gardées pendant cinq années, tandis que dans tous les autres pays on ne garde ce type de données que pendant douze mois. Par conséquent chaque citoyen est suivi *via* le trafic téléphonique dans ses relations, ses préférences, ses déplacements. À ces sources d'information il faut encore ajouter les données issues d'Internet et des banques des données. La question qu'on peut se poser est alors la suivante : est-il possible défendre sa prope *privacy* ? Oui, d'après M. Rodotà, mais à condition d'être très bien renseigné sur ses propres droits de citoyen en connaissant au moins la loi n°675 de 1976. "La loi n° 675 a donné à chacun le pouvoir de demander à toute personne, publique ou privée si elle est en possession d'informations sur elle- même, d'en obtenir des copies, de les faire éventuellement corriger ou effacer, dans les cas prévus; de contrôler en outre si telles informations ont été recueillies légitimement et, enfin, de contrôler la façon dont elles seront diffusées"[1]

En revanche, on constate parfois que la mauvaise information provient davantage d'un abus de la part des personnels concernés que d'une interprétation erronée de la part des citoyens eux-mêmes. En effet M. Rodotà parle de *privacy* utilisée comme un alibi dans le sens que -dit-il- souvent des administrations publiques, mais aussi des organisations privées, refusent de donner des réponses aux demandes tout à fait correctes de citoyens, en utilisant l'argument : c'est interdit par la loi sur la *privacy*. Cela dit, il faut en même temps se souvenir que la sauvegarde des données personnelles est en principe un droit fondamental reconnu aussi par l'Union européenne.

En conclusion de son article, M. Rodotà rappelle que l'image de l'homme de verre comme symbole du citoyen parfait auquel la protection de sa propre *privacy* n'est pas nécessaire, car il n'a rien à cacher; est une image nazi, utilisée par les nazis pour imposer leur autorité. Celui qui n'accepte pas l'inquisition du pouvoir, voire de la police, devient automatiquement quelqu'un de douteux, c'est-à-dire, un mauvais citoyen. ■

Pour d'autres informations voir : www.privacy.it

1. RODOTÀ S., "L'autodifesa della privacy", *La Repubblica* , août, 2002.

Réglementation relative à la protection de la vie privée en Hongrie

Eva Simon*

Dans les anciens pays du bloc communiste, notamment en Hongrie, la réglementation et la garantie de protection de la vie privée est moins développée que dans l'Union européenne et aux États-Unis. La protection de la vie privée, garantie en premier lieu par des lois sur la protection des données à caractère personnel, repose sur trois piliers : les règles juridiques adoptées par le législateur ; l'autorégulation des acteurs économiques ; et les procédés technologiques de protection des utilisateurs de leur propre vie privée.

La notion de protection de la vie privée (*privacy*)

La généralisation de l'utilisation d'Internet et de moyens résultant du développement technologique nécessite la reconsidération continue de la protection de la vie privée par le législateur, le juge, les acteurs économiques, ainsi que par les particuliers. Avant d'examiner les difficultés des uns et des autres, il est nécessaire de définir la notion de protection de la vie privée (*privacy*).

La notion de protection de la vie privée découle du 4ème amendement de la Constitution des États-Unis. Aux termes de l'amendement de 1791 : "Le droit des citoyens d'être garantis dans leurs personnes, domiciles, papiers et effets contre des perquisitions et saisies déraisonnables ne sera pas violé et aucun mandat ne sera délivré, si ce n'est pour un motif plausible, soutenu par serment ou déclaration solennelle, ni sans qu'il décrive avec précision le lieu à fouiller et les personnes et choses à saisir."[1]

Il en ressort que le texte de l'amendement ne contient pas les termes de "protection de la vie privée" mais cette disposition a servi de base d'interprétation à l'introduction de la notion de protection de la vie privée lors de l'évolution juridique ultérieure[2]. Le champ d'application de la protection de la vie privée s'est considérablement élargi non seulement les

* Eva Simon est juriste – chercheur à l'ISTRI (Information Society and Trend Research Institute), Budapest.

1. Bill of Rights, Fourth Amendment.
2. Louis Brandeis, juge de la Cour suprême, a tenté de définir la notion de *privacy* dans l'affaire Olmmstead *vs.* United States en 1928, en la décrivant comme "le droit à ne pas être dérangé" ("*the right to be let al*one"). Cette définition reste en usage de nos jours.
http://caselaw.lp.findlaw.com/scripts/getcase.pl?court=US&vol=277&invol=438.

personnes physiques mais également les acteurs économiques sont désormais protégés. La protection de la vie privée garantit le respect des données à caractère personnel, des secrets d'ordre privé et des secrets d'affaires par les tiers, y compris les organes gouvernementaux, les autorités de contrôle, les acteurs économiques et toute personne physique. Il n'existe, ni dans la réglementation communautaire, ni dans la réglementation des États-Unis, de définition exacte de la protection de la vie privée. Le manque de définition ne constitue pas un désavantage puisque la notion de protection de la vie privée est susceptible d'être modifiée par les changements sociaux et politiques. L'interprétation juridique américaine déduit la notion de protection de la vie privée des dispositions de la Constitution. En outre, il existe les règles sectorielles qui régissent la protection de la vie privée. Un intense débat a été entamé aux États-Unis afin de savoir si les conditions de protection de la vie privée sont garanties par l'autorégulation des organes procédant en masse au traitement des données à caractère personnel ou si l'adoption de lois en la matière est nécessaire ce qui n'est pas conforme aux coutumes juridiques américaines. En Europe, où il est de tradition de légiférer, la protection de la vie privée est assurée par les dispositions des lois relatives à la protection des données à caractère personnel dont le champ d'application ne couvre pas en intégralité la notion de *privacy* (le droit à la vie privée). Par conséquent, la notion de protection des données à caractère personnel sera utilisée ci-après afin de présenter les réglementations communautaires applicables en la matière. Aux termes de l'article 5 de la Déclaration des Droits de l'Homme et du Citoyen : "La *loi* n'a le droit de défendre que les actions nuisibles à la société. Tout ce qui n'est pas défendu par la *loi* ne peut être empêché, et nul ne peut être contraint à faire ce qu'elle n'ordonne pas."

En Europe, les sources principales de la législation et de l'interprétation sont des règles juridiques adoptées par le législateur. La divergence entre le système législatif et juridictionnel de deux continents résulte des approches différentes concernant non seulement la réglementation de la protection de la vie privée mais également les problèmes afférents.

Aux États-Unis, outre les règles sectorielles, le rôle de l'autorégulation est d'une importance crutiale, tandis que dans l'Union européenne et dans des pays candidats, l'accent est mis sur la législation et son exécution. Il est nécessaire de se rappeler que des réglementations particulières existent dans tous les anciens pays satellites, devenus pays candidats à l'adhésion à l'Union européenne, lors de l'examen des différences entre les réglementations en Europe et aux États-Unis. A la suite des changements de régime survenus en 1989 et 1990, les législateurs de ces pays ont considéré l'adoption d'une Constitution garantissant les droits de l'homme et du citoyen comme une mission prioritaire. Aux termes des dispositions desdites Constitutions, contrairement aux Constitutions des pays occidentaux, la protection des données à caractère personnel est garantie en tant que liberté fondamentale et non pas comme un droit inhérent à la personne[3]. Ce phénomène s'explique par la volonté de rompre avec le régime communiste et par l'interprétation selon laquelle les règles juridiques ont pour objectif de garantir la protection des citoyens contre le pouvoir étatique et non pas d'assurer l'intérêt de l'État vis-à-vis de ses citoyens[4]. Compte tenu du fait qu'en Europe les principes fondamentaux ne sont pas directement exécutoires, les anciens pays du bloc communiste suite à la chute du communisme ont adopté des lois sur la protection des données à caractère personnel en quelques années, avant même certains États membres de l'Union européenne, tels que l'Italie ou la Grèce. La protection des données à caractère personnel d'une part et la protection de la liberté de l'information d'autre part relèvent d'une même loi (texte législatif). La violation des droits à la protection des données ou la violation de la liberté d'information ne constituera pas une violation de la Constitution. Dans les anciens pays satellites, l'évolution juridique se déroule en plusieurs étapes. Avec la rédaction des Constitutions et l'adoption des règles juridiques, une nouvelle évolution juridique applicable en la matière s'est amorcée, conformément à l'obligation d'harmonisation des règles juridiques avec la réglementation communautaire et les développements technologiques.

La traduction du mot *privacy* en hongrois est problématique. La protection de la vie privée en Hongrie, comme dans l'Union européenne, est assurée par les dispositions de la Constitution et de la loi sur la protection des données à caractère personnel. Deux termes sont employés par la doctrine sans qu'ils soient appropriés. D'une part, "vie privée" qui désigne de manière étroite la sphère d'intérêts de la personne protégée, et d'autre part le mot anglais "*privacy*" qui n'est pas encore intégré dans la langue hongroise. Lorsque, dans une langue, il n'existe pas un terme approprié pour désigner une valeur à protéger juridiquement, cela signifie que ni sa conscience collective, ni la protection de cette valeur ne sont suffisantes .

Réglementation juridique en la matière

La loi hongroise portant sur la protection des données à caractère personnel est entrée en vigueur en 1992[5]. Elle régit pour la première fois en Europe, outre la protection des données, la liberté d'information[6]. L'objectif des premières lois applicables en la matière a été principalement de restreindre le pouvoir prépondérant de l'État, le plus grand maître du fichier et responsable de son traitement. Cette situation a évidemment

3. Par exemple les Constitutions estonienne, hongroise, lituanienne, polonaise, russe, slovaque, slovène, tchèque.
4. Cette liberté fondamentale a été déjà prévue par la Déclaration des Droits de l'Homme et du Citoyen il y a deux cents ans.
5. La loi peut être consultée en langue anglaise sur le site d'Internet: http://www.obh.hu/adatved/indexek/AVTV-EN.htm.
6. La loi a été inspirée par la loi portant sur la liberté d'information et la protection des données à caractère personnel adoptée au Québec en 1982, régissant pour la première fois ces deux domaines.

évolué depuis. Ce ne sont plus seulement les organes étatiques mais plusieurs entreprises qui procèdent au traitement des données à caractère personnel en grande quantité et constituent d'importantes bases de données sur leurs utilisateurs ou consommateurs. La loi hongroise était en 1992 la loi relative à la protection des données la plus contraignante dans toute l'Europe du fait qu'elle était plus développée que la convention n° 108 du Conseil de l'Europe pour la protection des personnes à l'égard du traitement automatisé des données à caractère personnel proposée pour signature le 28 janvier 1981. La convention n° 108 ouverte à la signature le 28 janvier 1981 a influencé notre législation promulguée en 1992 mais comme la directive applicable en la matière a été adoptée en 1995 la législation hongroise n'a pas pu s'inspirer de la directive car elle lui est postérieure.

Toutefois, comme la directive est conforme au texte de la convention (quinze États membres de l'UE sont tous signataires de la convention) la loi hongroise est conforme au moins en partie à la directive. En Hongrie, le législateur a inséré par un amendement en 1999 portant sur la notion de responsable de sous-traitement, harmonisant ainsi davantage la loi avec la directive précitée. Sur la base de la directive, en 2000 la Commission européenne a qualifié d'"adéquat" le niveau de protection des données à caractère personnel en Hongrie.

L'importance de cette prise de position réside dans le fait qu'il devient plus facile de transférer des données personnelles depuis les États membres de l'Union européenne vers les États ayant obtenu cette qualification que vers les pays tiers. La législation hongroise prévoit qu'une donnée à caractère personnel ne peut être traitée que si la personne concernée a donné son consentement au dit traitement ou si une règle juridique le requiert. Les modalités de consentement concernant les données à caractère personnel ne sont pas prévues par la loi. Elles sont prévues par la recommandation du Commissaire parlementaire de la protection des données, qui est conforme aux dispositions de la directive qui requiert que le consentement doit être délibéré, explicite et doit être donné en connaissance du but de la collecte de ses données.

Les systèmes de traitement des données à caractère personnel ont été conçus pour éviter les problèmes liés notamment au recueil des consentements des personnes concernées. Au lieu de concevoir les systèmes conformes aux dispositions de la loi ou d'éviter la collecte des données à caractère personnel, les maîtres du fichier mettent tout en œuvre pour avoir le consentement de la personne concernée aux fins de l'utilisation de ses données personnelles. L'utilisation du principe de consentement dans le monde des affaires est très répandue sans que les personnes concernées soient informées de manière appropriée[7].

Il ressort de la décision de la Commission européenne que la législation hongroise applicable en la matière est conforme aux

7. BURKERT H., "Privacy-Enhancing Technologies: Typology, Critique, Vision", In. *Technology and Privacy: The New Landscape*, Mit Press 1998, Edited by AGRE P.E. et ROTENBERG M.

dispositions de la directive; en même temps il est nécessaire de la modifier du fait de la divulgation des données sur Internet et du développement technologique; et donc d'adopter des règles susceptibles d'être appliquées conformément aux spécificités de l'Internet. La collecte des données, le transfert des données et la connexion des bases de données peuvent être réalisés plus facilement que dans le passé. C'est la raison pour laquelle les utilisateurs devraient être munis des moyens technologiques assurant une protection adéquate de leur vie privée, notamment la cryptographie, sans que les autorités publiques puissent accéder aux codes nécessaires au décryptage.

Autorégulation

Outre la protection des données à caractère personnel dont qui incombe au législateur, il convient de souligner l'importance de l'autorégulation par les acteurs économiques. L'autorégulation outre-Atlantique est nécessitée par le fait que les États-Unis ne disposent pas de cadre juridique général quant à la protection des données personnelles applicable aux secteurs de la vie économique. En Europe il faut aussi retenir la notion d'autorégulation car le législateur est toujours à la poursuite du développement technologique. Par ailleurs, l'essence du droit est de ne pouvoir que suivre les changements brutaux de la technologie, étant donné que le droit ne peut pas anticiper. Les systèmes et les règles juridiques aspirent à la stabilité. Ils ne peuvent ainsi prendre en considération rapidement que les évolutions importantes touchant une grande partie de la société. Les acteurs économiques préfèrent l'autorégulation à l'intervention législative car elle est en mesure de suivre l'évolution du marché avec beaucoup plus de souplesse que le législateur. Précisons que la protection de la vie privée n'est pas dans l'intérêt du monde des affaires. Il arrive souvent qu'une société en cessation de paiement essaie d'obtenir des fonds par cession des données à caractère personnel des consommateurs après à une modification de la politique de la protection de la vie privée. Les données personnelles ont une grande valeur commerciale. L'autorégulation des marchés est d'une très grande importance mais il faut souligner que les sociétés respectant le droit à la vie privée peuvent être désavantagées au plan économique.

Afin d'assurer le droit constitutionnel à la protection des données à caractère personnel et la publication des données d'intérêt public un poste de commissaire parlementaire à la protection des données a été créé en Hongrie en 1995 suivant le modèle scandinave. L'indépendance des *ombudsmen* vis-à-vis de l'État dans le cadre des missions dont ils sont investis a été un critère important au moment de leur mise en place compte tenu de la volonté de rompre définitivement avec l'ordre étatique de type socialiste. La compétence du commissaire parlementaire à la protection des données s'applique aussi bien à l'administration qu'au traitement des données à caractère personnel effectué par toute personne physique ou tout acteur économique. L'expérience montre que les organes étatiques façonnent leur processus de protection des données à caractère personnel en fonction des recommandations du commissaire parlementaire à la protection des données. La quasi-impossibilité de mettre fin aux abus des acteurs économiques en la matière constitue un problème bien plus important. Ses recommandations ne sont prises en considération par le monde des affaires que dès lors qu'elles ne sont pas contraires aux intérêts économiques. Faute du soutien de l'État, le commissaire parlementaire à la protection des données ne peut faire cesser les violations du droit que par sa stature et le caractère public des affaires, à l'exception de violations passible d'une sanction pénale. Il est investi du pouvoir de recueillir toutes les informations portant sur le traitement des données auprès du maître du fichier et d'accéder à tout document ou de connaître tout traitement des données relatifs aux données d'intérêt public ou à caractère personnel et ne peut être interdit d'accès aux locaux destinés au traitement des données. Le commissaire parlementaire à la protection des données est investi de pouvoirs d'investigation importants, en revanche son pouvoir décisionnel reste faible. Par voie de conséquence, le commissaire parlementaire à la protection des données est plutôt une des composantes de l'autorégulation puisque les administrations et les acteurs économiques modifient leur processus de traitement de données en fonction des recommandations de l'*ombudsman* et non pas en fonction de ses sanctions. Outre l'examen des plaintes déposées par des particuliers, il veille au respect des conditions de base de la protection des données et de liberté d'information et émet un avis sur les projets de loi.

Procédés technologiques

En plus des mesures légales et de l'autorégulation, les personnes concernées par le traitement de données à caractère personnel peuvent assurer la protection de leurs données via la cryptographie ou tout autre procédé technologique. La cryptographie est l'un des moyens les plus sûrs pour protéger sa vie privée. Pendant longtemps l'utilisation de la cryptographie a été propre aux seuls organes gouvernementaux ; aux États-Unis c'est seulement dans les années 1970 que le besoin d'utilisation de la cryptographie par des particuliers est apparu. Avec la naissance de la cryptographie à code public il devient possible à des parties qui ne se connaissent pas de s'envoyer des messages codés sans procéder préalablement à l'échange des codes et sans que toute autre personne tierce ou les autorités publiques puissent connaître leur contenu. Pour pallier l'absence du contrôle gouvernemental liée à l'apparition du procédé de cryptographie pour les particuliers, le gouvernement des États-Unis a développé un logiciel dit "Clipper Chip" qui, installé dans des ordinateurs ou des postes de téléphone, assurerait une confidentialité hautement stricte des données, mais rendrait possible l'accès aux informations protégées par les organes de la sécurité nationale et de la police en cas de nécessité. Le fabricant du Chip a déposé le code en deux parties nécessaire au décodage (décryptage, déchiffrage) des messages cryptés (codés, cryptés) aux (deux différentes) autorités publiques auprès desquelles les organes de la sécurité nationale et de la police auraient pu les obtenir munis d'autorisations nécessaires.

Cette possibilité de "dépôt de code" a également été envisagée par la Commission européenne en 1997 dans sa communication intitulée "Vers un cadre européen pour les signatures électroniques et le chiffrement"[8] mais finalement elle n'a pas été retenue. Les critiques étaient relatives non seulement au problème de sécurité de la cryptographie des données, mais également à celui de sa commercialisation compte tenu du fait que les marchés étrangers n'auraient jamais accepté le monopole public de l'État fabricant. À ce moment-là il était déjà clair que les systèmes de réglementation locale étaient à la base du problème principal de la régulation des modalités transfrontalières de fonctionnement des réseaux.

L'utilisation de la cryptographie par des particuliers n'est pas réglementée en Hongrie. Il est vrai qu'il existe un texte juridique portant sur les activités de cryptage mais il ne s'applique qu'aux secrets d'État et de service. Par conséquent, l'utilisation des moyens de cryptage tels que le PGP (*Pretty Good Privacy*) bénéficie d'une totale liberté. Compte tenu de l'expérience internationale, on peut toutefois s'attendre à ce que l'État entende réglementer la cryptographie utilisée à des fins civiles, en réservant par exemple le droit à certains organismes d'accéder aux dits codes.

Les moyens de cryptographie à base de codes publics permettent de cacher le contenu d'un message mais rendent aussi plus aisée l'identification de la personne à l'origine du message. Les moyens de cryptographie servent à cacher le contenu du message mais aussi à identifier celui-ci. La signature électronique sert à identifier le signataire du document tandis que le code électronique permet d'identifier le signataire. Si on examine la cryptographie comme moyen de protection de la vie privée, il convient de souligner qu'il existe une contrepartie portant sur l'identification facilitée du signataire. Cette technologie a deux faces : d'un côté elle amorce l'extension de la liberté mais de l'autre côté elle garde sous contrôle ladite extension[9].

Problématique de la régulation

La réglementation de la *privacy* électronique se heurte à la difficulté liée au fait que la réglementation locale (qu'elle soit juridique ou *de facto* autorégulation) ne peut assurer que partiellement aux utilisateurs leurs droits afférents compte tenu de la nature transfrontalière des réseaux. Même si la réglementation portant sur des procédés d'ordre économique

8. Communication de la Commission au Conseil, au Parlement européen, au Comité économique et social et au Comité des régions, "Assurer la sécurité et la confiance dans la communication électronique - Vers un cadre européen pour les signatures numériques et le chiffrement".

9. LESSIG L., "The Architecture of Privacy", http://cyberlaw.stanford.edu/lessig/content/articles/.

tels que la conclusion de contrats sur Internet ou la protection des consommateurs ne fait pas partie de la présente étude il convient toutefois de mentionner que leur réglementation reste problématique mais pas impossible. Le commerce transfrontalier est régi par les conventions internationales et une réglementation couvrant tous les problèmes juridiques n'est pas possible compte tenu de la nature peu préventive du droit.

L'autre obstacle de la protection effective de la vie privée sur Internet est constitué par le fait que l'économique et le politique y portent de l'intérêt. Outre la protection des secrets d'affaires les acteurs économiques n'assurent la protection de la vie privée des utilisateurs finals que lorsque les mesures de protection n'entraînent pas de coûts supplémentaires importants. Quant à la vie politique, on constate souvent qu'on n'attache de l'importance à la protection des données à caractère personnel que lorsqu'elle a pour objet d'empêcher la publication des informations d'intérêt public. En Hongrie cette situation est d'actualité du fait du débat intense autour de la question de la nécessité de publier les données des personnes ayant collaboré avec le pouvoir communiste et qui ont, ensuite, participé à la vie politique après à la chute du communisme. Ceux qui pensent que le passé des ministres et des secrétaires d'État constitue des données personnelles qui ne peuvent pas être divulguées, invalident le principe de base constitutionnel de la protection des données à caractère personnel. La protection de la vie privée protège de l'assujettissement des citoyens à l'égard du pouvoir étatique. Lorsque tous ceux qui ont eu une activité d'agent dans un pays du bloc soviétique bénéficient maintenant du même droit que les autres individus dudit pays qu'ils gouvernent toujours, les citoyens se retrouvent assujettis encore une fois. Tant que les organes étatiques se cachent derrière la protection des données personnelles pour s'opposer à la publication des données d'intérêt public, il y a un grand risque de voir qu'au lieu d'assurer la transparence de l'État on impose la transparence des individus. Les organismes gouvernementaux, de la sécurité nationale et de la police essaient de faire passer la protection de la vie privée sous un mauvais jour lié au terrorisme, au trafic de drogue, au blanchiment de capitaux et à la pornographie enfantine. Après un évènement d'une ampleur telle que celui du 11 septembre 2001, les autorités de l'État s'en prennent en premier lieu à la protection de la vie privée sous prétexte de la sécurité nationale.

Le troisième et peut être le plus important problème de la protection de la vie privée est l'absence de conscience des utilisateurs. La relation de la plupart des utilisateurs au droit à la vie privée est très particulière compte tenu de leur situation économique. On peut par exemple citer le cas de l'employé qui est tenu de donner son consentement d'être filmé sur son lieu de travail par l'employeur ou de ceux qui sont prêts à céder leurs données personnelles pour des avantages minimes. L'absence de conscience est encore plus vraie pour des citoyens des anciens pays satellites. L'idée selon laquelle les autorités publiques sont autorisées à surveiller n'importe qui est encore très répandue. Il n'est pas rare qu'en entrant dans des sièges sociaux des acteurs économiques on demande de présenter une pièce d'identité et on note des données y figurant[10]. Les prestataires de services de télécommunications mobiles, nonobstant la recommandation du commissaire Parlementaire de la protection des données, procèdent toujours à la photocopie des pièces d'identité des utilisateurs pendant la conclusion d'un contrat d'abonnement sans qu'ils soient investis du droit d'effectuer le traitement de données personnelles. La surveillance sur Internet pose un problème accru du fait que l'activité de surveillance s'effectue à l'insu de l'individu surveillé. Ces violations ne cesseront que lorsque les utilisateurs seront conscients de leurs droits et les appliqueront avec vigueur. L'utilisation répandue des nouvelles technologies dans le cadre de la surveillance n'entraînera pas la fin de la vie privée tant que les droits des entités procédant à la surveillance seront délimités avec précision et portés à la connaissance des utilisateurs pour qu'ils soient en mesure de les appliquer.

■

Bibliographie

AGRE P.E. and ROTENBERG M. (editors), *Technology and Privacy : The New Landscape*, MIT Press, 1998.

GRANT R. and BENNETT C. J. (editors), *Visions of Privacy : Policy Choices for Digital Age*, University of Toronto, 1999.

LESSIG L., Code and Other Laws of Cyberspace, Basic Books, 2000.

LESSIG L., "The Architecture of Privacy", http ://cyberlaw.stanford.edu/lessig/content/articles/.

POSNER R.A., "An Economic Theory of Privacy. "Orwell versus Huxley : Economics, Technology, Privacy, and Satire"", 24 Philosophy and Literature, 2000.

SCHNEIER B., *Secrets and Lies : Digital Security in a Networked World*, John Wiley & Sons, 2000.

SCHOEMAN F. (editor), *Philosophical Dimensions of Privacy*, Cambridge University Press, 1984.

WARREN and BRANDEIS, "The Right to Privacy", *Harvard Law Review*, Vol. IV, December 15, 1890, N° 5.

10. On peut citer l'exemple de Matáv, l'opérateur historique en position dominante sur le marché hongrois de télécommunications.

Daniel Naulleau

Documentation et bibliographie

Bibliographie Informatique et libertés

CNIL, VITALIS A., PAOLETTI F., DELAHAIE H., *Dix ans d'informatique et libertés,* Ed. Economica, Paris, 1988.

CNIL, Rapports annuels, La Documentation Française, Paris, 80 et 82 à 2002.

CNIL, *Voix, Images, et protection des données personnelles,* La Documentation Française, Paris, 1996.

CNIL, *23ème Conférence internationale des commissaires à la protection des données, septembre 2001,* La Documentation Française, Paris, 2002.

FRAYSSINET J., *Informatique, fichiers et libertés,* Ed. LITEC, Paris, 1992.

LINANT DE BELLEFONDS X., HOLLANDE A., *Pratique du droit de l'informatique,* Ed. Delmas, Paris, 1998.

LUCAS A., DEVEZE J., FRAYSSINET J., *Droit de l'informatique et de l'Internet,* Ed. PUF, Paris, 2001.

Revue *Expertise,* 119 rue de Flandre, 75019 Paris. www.celog.fr/expertises/.

VADROT C. M., GOUVERNE L., *Tous fichés,* Ed. First, Paris 1994.

Adresses et Sites Internet Informatique et libertés

CADA (Commission d'accès aux documents adminstratifs)
64, rue de Varennes - 75007 Paris - 01 42 75 79 99

CNIL (Commission nationale informatique et libertés),
21, rue St Guillaume - 75007 Paris - 01 53 73 22 22

Centre de documentation de la CNIL (Sur rendez-vous),
199, Bd St Germain - 75007 Paris - 01 53 73 22 22

Stop Publicité (Pour faire stopper les courriers publicitaires),
60, rue de la Boëtie 75008 Paris

CNIL (Commission nationale informatique et libertés)	www.cnil.fr
CREIS (Centre de coordination pour la recherche et l'enseignement en informatique et société)	www.creis.sgdg.org
DELIS (Droits et libertés face à l'informatisation de la société)	www.delis.sgdg.org
FIL (Fédération informatique et libertés)	www.lafil.org
IRIS (Imaginons un réseau internet solidaire)	www.iris.sgdg.org
EPIC (Electronic Privacy Information Center)	www.epic.org
EFF (Electronic Frontier Foundation)	www.eff.org
CPSR (Computer Professionals for Social Responsibility)	cpsr.org
GILC (Global Internet Liberty Campaign)	www.gilc.org
Privacy International	www.privacyinternational.org
L'essentiel du droit français	www.legifrance.gouv.fr
Droit des nouvelles technologies	www.legalis.net www.internet-juridique.net
Société de l'Information (France)	www.internet.gouv.fr/francais
Société de l'Information Europe	europa.eu.int/information_society
Forum de l'Internet	www.foruminternet.org

L'Intercollectif DELIS

Préoccupés par les conséquences possibles d'une informatisation mal contrôlée, des collectifs regroupant des associations et des syndicats ont mis en commun leurs forces depuis le printemps 1997 pour assurer une veille et une information citoyennes.

Ses membres travaillent sur de nombreux thèmes, notamment :

- la transposition en droit français de la directive européenne du 24 octobre 1995 "relative à la protection des personnes physiques à l'égard du traitement des données à caractère personnel et à la libre circulation des ces données" ;
- l'utilisation du NIR et l'interconnexion de fichiers ;
- les fichiers de police (STIC,...) ;
- les projets d'informatisation dans le secteur de l'action sociale (ANIS, ANAISS, ...) ;
- les projets d'informatisation du système de santé (les cartes Sesam-Vitale, l'exploitation des données médicales, ...) ;
- l'utilisation des images et des voix (vidéosurveillance, ...) ;
- la constitution et l'usage des grands fichiers nationaux ;
- les profils de consommateurs et le géomarketing ;
- l'informatique et la fraude ;
- l'informatisation du travail ;
- ...

Leur action s'est traduite par des articles de presse, des conférences de presse, des communiqués de presse, des déclarations communes, des journées d'étude, de formation, des appels à signature, des courriers de sensibilisation aux personnalités concernées, des rubriques spécialisées sur les sites du CREIS et de l'AILF, la création d'un site www.delis.sgdg.org,...

Deux brochures ont été réalisées la première : *Pour des droits sociaux sans casier social* en novembre 1999 et la seconde *: Numéro de Sécurité sociale : quels dangers ?* en septembre 2001. Elles sont disponibles auprès de DELIS et des membres des collectifs.

L'Intercollectif DELIS regroupe les organisations :

- AILF (Association des Informaticiens de Langue Française)
- CREIS (Centre de Coordination pour la Recherche et l'Enseignement en Informatique et Société)
- IRIS (Imaginons un Réseau InternetSolidaire)
- LDH (Ligue des Droits de l'Homme)
- *Terminal* (Revue)
- Souriez vous êtes filmés
- VECAM (Veille Européenne et Citoyenne sur les Autoroutes de l'information et le Multimédia)
- A.F.S.M.S. (Association Française des Secrétaires Médico-Sociales)
- A.M.I. (Association Nationale de Défense des Malades, Invalides et Handicapés)
- A.N.A.S. (Association Nationale des Assistants de Service Social)
- A.N.S.F.T. (Association Nationale des Sages-Femmes Territoriales)
- A.T.D. Quart Monde

- Confédération C.G.T., Fédération C.G.T. des Services Publics, U.G.I.C.T.-C.G.T., Fédération C.G.T. des organismes sociaux
- CONCASS (Coordination Nationale des Collectifs des Assistants de Service Social)
- Fédération S.U.D.-C.R.C. Santé-Sociaux
- Fédération S.U.D. Collectivités territoriales
- C.S.F. (Confédération Syndicale des Familles)
- Forum 5 (Espace de débat et d'action des travailleurs sociaux)
- F.S.U. (Fédération Syndicale Unitaire)
- L.D.H. (Ligue des Droits de l'Homme)
- S.A.F. (Syndicat des Avocats de France)
- Syndicat Interco CFDT de la Seine-St-Denis
- Syndicat Interco CFDT du Val-de-Marne
- Syndicat Interco CFDT de la Haute-Vienne
- Syndicat CFDT services publics parisiens
- Syndicat Départemental CFDT du Gard Protection Sociale
- Fédération Générale des Transports et de l'Équipement-CFDT
- S.M. (Syndicat de la Magistrature)
- S.M.G. (Syndicat de la Médecine Générale -Revue Pratiques)
- S.N.I.C.S.-F.S.U. (Syndicat National des Infirmières Conseillères de Santé - F.S.U.)
- S.N.M.P.M.I. (Syndicat National des Médecins de PMI)
- S.N.P. (Syndicat National des Psychologues)
- S.N.P.E.S.-P.J.J. F.S.U. (Syndicat National des Personnels de l'Éducation Surveillée PJJ-FSU)
- S.N.U.A.S.E.N.-F.S.U. (Syndicat National Unitaire des Assistants Sociaux de l'Éducation Nationale - F.S.U.)
- S.P.F. (Syndicat des Psychiatres Français)
- U.C.M.S.F (Union Confédérale des Médecins Salariés de France)
- Agir ensemble contre le chômage (AC!)
- Association pour l'emploi, l'information et la solidarité (APEIS)
- Comité national de Lutte et de défense des chômeurs – CGT
- Confédération générale du travail (CGT)
- Confédération syndicale des familles (CSF)
- Fédération de soutien aux travailleurs immigrés (FASTI)
- Fédération des Finances CGT
- Fédération des Finances et des affaires économiques CFDT
- Fédération des organismes sociaux - CGT
- Mouvement contre le racisme et pour l'amitié entre les peuples (MRAP)
- Mouvement national des chômeurs et précaires (MNCP)
- Syndicat CFDT de l'INSEE
- Syndicat CGT de l'INSEE
- Syndicat national de la Direction générale des impôts-CGT (SNADGI-CGT)
- Syndicat national des Impôts - CFDT (SNI -CFDT)
- Syndicat national du Trésor CFDT
- Syndical national unifié des Impôts (SNUI)

Les contacts

- Intercollectif DELIS : www.delis.sgdg.org avec une liste de discussion : membres@delis.sgdg.org

- Ligue des Droits de l'Homme, 138 rue Marcadet 75018 Paris, Tél. : 01 56 55 51 00 - Fax : 01 42 55 51 21 - ldh@ldh-france.org - www.ldh-france.org

- Collectif "Informatique, Fichiers et Citoyenneté"
AILF - 5 rue de la boule rouge 75009 Paris, Tél. et fax : 01 43 73 32 82 - info@ailf.net - www.ailf.net
le.creis@wanadoo.fr, www.creis.sgdg.org
www.iris.sgdg.org
www.terminal.sgdg.org
www.vecam.org

- Collectif pour les droits des citoyens face à l'informatisation de l'action sociale - SNMPMI - 65-67 rue d'Amsterdam 75008 Paris - Tél. : 01 40 23 04 10 - Fax : 01 40 23 03 12

- ANAS - 15 rue de Bruxelles 75009 Paris - Tél. : 01 45 26 33 79 - Fax : 01 42 80 07 03

- Collectif des associations et des syndicats contre la connexion des fichiers fiscaux et sociaux : André Narritsens case 450 263 rue de Paris 93514 Montreuil Cedex, Tél. : 01 48 18 80 67 - Fax : 01 48 70 71 63

Fédération Informatique et Libertés

La FIL (Fédération Informatique et Libertés) est une fédération d'associations, ONG et particuliers engagés dans la défense de la vie privée et de la liberté d'expression. Cette fédération a pour but de :

- défendre les libertés individuelles et publiques ;
- défendre le respect de la confidentialité de la communication ;
- lutter contre toutes atteintes à la vie privée et à la libre circulation des personnes, qu'elles résultent de la mise en oeuvre de traitements de données à caractère personnel, de la vidéo-surveillance, ou de tout autre procédé ou méthode pouvant engendrer une telle atteinte ;
- lutter contre toutes formes de discriminations et défendre les droits des consommateurs dans la mesure où ces actions sont en lien avec son objet ;
- assister les victimes d'atteintes à leur vie privée, de surveillance illicite et/ ou de violation de leurs droits ;
- soutenir les mouvements et les actions de ses membres, conformes à son objet ;
- promouvoir et défendre la libre utilisation de tous moyens techniques permettant de préserver la confidentialité et l'anonymat des échanges tels que la cryptographie ;
- faire connaître les positions de la Fédération Informatiques et Libertés auprès des pouvoirs publics ;
- informer et sensibiliser toutes personnes et tous organismes sur les risques accrus d'atteintes à la vie privée engendrés par l'utilisation croissante des nouvelles technologies de l'information et des réseaux numériques ;
- défendre la liberté d'expression et le droit à l'information.

La FIL en partenariat avec la *zelig.rc2*, a organisé une semaine d'ateliers, démos, rencontres, débats, autour des réseaux, de la communication, du logiciel libre et de la résistance électronique du 9 au 15 décembre 2002 à Paris. ca@lafil.org, www.lafil.org

Prix du CREIS

édition 2003

Appel à candidatures

Le Prix du CREIS, d'un montant de 1000 € a pour objectif de distinguer chaque année un mémoire universitaire non édité (DESS, DEA, Thèse) dans le champ Informatique et Société.

Les travaux devront avoir été rédigés au cours des trois dernières années (2000-2002)

Les travaux proposés devront nécessairement :

- traiter des relations entre les technologies de l'information et de la communication et la société (enjeux sociaux, juridiques, économiques, culturels et politiques),
- porter un regard critique sur le processus d'informatisation de la société et des organisations de travail,
- être écrits en langue française.

Les travaux sont à faire parvenir en trois exemplaires au secrétariat du CREIS avant le **1er Février 2003**

Le Prix du CREIS sera remis lors de l'édition 2003 des **Journées d'études du CREIS**

Pour plus d'informations sur l'édition 2003 du Prix du CREIS...

→ www.creis.sgdg.org

Le CREIS, association loi 1901, est le Centre de Coordination pour la Recherche et l'Enseignement en Informatique et Société

Secrétariat Prix du CREIS

Geneviève Vidal
Département des Sciences de la Communication
Université Paris 13
Avenue Jean-Baptiste Clément
93430 Villetaneuse France

Informations-contacts : [illegible]

BLOC NOTES

DERNIÈRES PARUTIONS

Le jeu vidéo comme un construit social

Pour sortir des sentiers fascinés par l'univers du jeu vidéo ; pour sortir d'une dénonciation de l'abrutissement par l'écran ; pour sortir d'une vision de la grande industrie tissant sa toile autour des (jeunes) dopés du jeux... En bref pour voir le jeu vidéo en prenant le temps d'analyser les multiples facettes de son existence sociale, rien ne vaut une série de travaux de terrain dument liés par l'idée que le jeu est un construit social qui se comprend dans sa complexité et sa globalité.

Les auteurs de ces études se retrouvent autour de la notion de médiation pour considérer les jeux vidéo en tant que processus sociaux. Il s'agit alors de saisir tout ce qui concours à la *mise en circulation* (sociale) d'un objet. Les auteurs, par de multiples entrées mettent en lumière les jeux de force et de tension qui constituent l'appropriation par les usagers. Loin, bien loin, d'une seule relation d'un consommateur à un producteur, on comprend alors qu'un ensemble de liens et d'acteurs sont mobilisés. Ce qui ressort de ces études n'est pas la pratique téléguidée par la firme et son service marketing, mais plutôt l'interaction de discours, de pratiques, de médiation qui concourt à univers particulier...

La pluralité *d'acteurs* en jeu est vue à travers les mises en scène que l'on trouve dans la presse spécialisée, les ludothèques, les émissions télé spécialisées, les espaces de vente, les jaquettes de jeux & package, mais aussi à travers les discours sur les pratiques domestiques.

Ces différents terrains élargissent le regard que l'on peut adresser au jeu. Les auteurs apportent des analyses mais aussi des matériaux bruts issus d'entretiens avec des joueurs, avec des parents (le lien éducatif est une entrée) ; une enquête sur les lieux de vente et la place symbolique que l'acheteur accorde au vendeur ; une analyse de l'écriture multimédia qui se met en place dans les émissions spécialisées.

Si certaines études de terrain ont quelques années, le niveau d'analyse proposé sur le jeu comme construit social, n'entrave pas l'actualité du sujet.

Les auteurs avancent finalement sur la césure générationnelle, la pratique et le discours des jeunes sur les jeux vidéo devenant un constitutif identitaire.

T.L.

Construction sociale de l'univers des jeux vidéo, Elisabeth Fichez et Jacques Noyer, CEGES, Université Lille 3, 2001.

Une généalogie de l'infocom

Ceux qui fréquentent les infocom, (i.e. les étudiants et enseignants-chercheurs en Sciences de l'Information et de la Communication-SIC) se sont certainement posé la question de la nature et surtout de l'origine de cette (ou de ces) science(s). Cette discipline s'apparente à une

interdiscipline et trouve là d'ailleurs une de ses sources de richesses, à défaut peut-être d'y trouver une unité au regard de l'extérieur. Le champ d'investigation de l'infocom semble infini, ce qui peut étonner au prime abord l'économiste, l'informaticien, l'historien, le littéraire, le sociologue, le linguiste, l'esthéticien, le journaliste (et j'en passe) qui voit arriver les SIC dans à peu près toutes les disciplines pour resituer les enjeux en terme de communication. Jeune discipline donc, mais discipline qui est susceptible de s'atteler à un très grand nombre d'objets.
Dès lors l'ouvrage collectif dirigé par Robert Boure est pratiquement le livre qu'on attendait pour resituer les conditions de la naissance (essentiellement les années 70 et 80) de l'infocom. Les auteurs sont aussi des acteurs de cette histoire, mais ils ne se situent cependant pas en témoin. Le regard qu'ils portent laisse cependant plusieurs thématiques actuelles de l'infocom un peu dans l'ombre (analyse des techniques-réseau ; média ; audiovisuel...).
Au final, l'ouvrage ne fait pas tant le point sur la genèse scientifique que sur les conditions de la reconnaissance des SIC. L'histoire de l'organisation (création des filières, création des institutions...) permet de situer les SIC dans le champ universitaire français. La construction d'une histoire (pas vraiment l'histoire officielle cependant) apparaît comme une étape significative du développement des SIC.

T.L.

Les origines des sciences de l'information et de la communication, Robert BOURE ed, Presse Universitaire du Septentrion, 2002.

Achevé d'imprimer par Corlet Numérique - 14110 Condé-sur-Noireau
N° d'Imprimeur : 779776 - Février 2018 - Imprimé en France

Made in United States
Orlando, FL
04 November 2026

90204432R00098